# 楽しい フレンチ・ブルドッグ ライフ

すべてがわかる完全犬種マニュアル

な〜んでも興味がいっぱいの
フレブルのベイビーです。
ちょっとばかし、頭が重いので、
あっちへフラフラ
こっちへヨタヨタして
しまいま〜す。

ベイビーでも、
あんよはとても強いんです。
しっかりふんばって立つと、こんな感じ。
とってもカッコイイ!! って思いません?

CONTENTS


どんな生活をフレブルと送りたい？ 12

1 フレブルの魅力をさぐる 15

オシャレな人に人気のアーバン・ドッグ …… 16
現在のスタイルにしたのは、どこの国 …… 18
スタンダードを正しく知ろう …… 20
楽しい生活を送るためのコツ …… 24

2 子犬を迎えにいこう！ 27

子犬を購入するいくつかの方法 …… 28
子犬の選び方 …… 32
子犬を迎えるための準備 …… 34

3 子犬時代の育て方 39

パピートレーニングは最初が肝心 …… 40
子犬期にマスターしておきたいしつけ …… 44
子犬の食事 …… 50

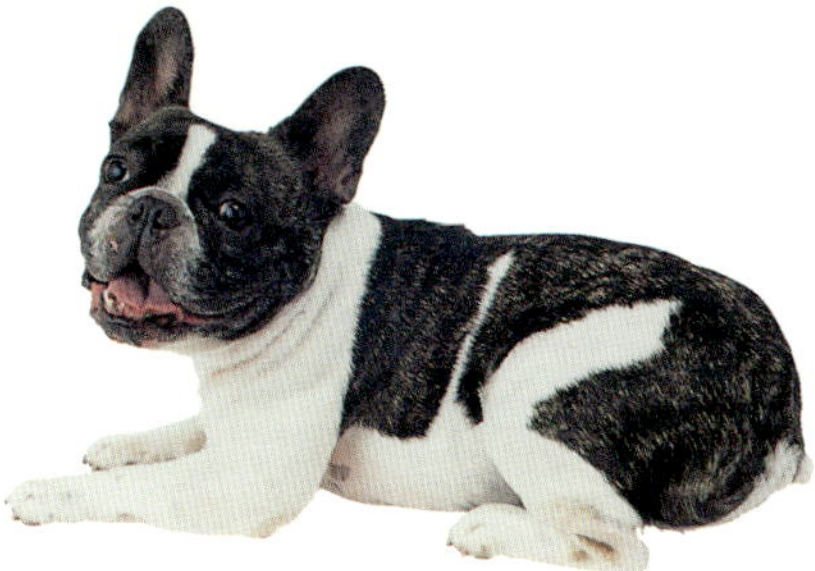


楽しい遊びと散歩 …… 52

日頃のお手入れ …… 54

コラム　イアーランゲージ講座 56

## 4 成犬時代の育て方 57

成犬になったら、どんな食事? …… 58

要注意!! 肥満は健康の敵 …… 60

問題を解決するしつけ …… 62

## 5 日常のグルーミング 71

快適に暮らすための、日常のお手入れ …… 72

より完璧に仕上げるプロ・テクニック …… 76

コラム　ヒーリング・セラピーが人気 78

## 6 正しい妊娠と出産 79

子犬の出産は正しい知識で …… 80

交配のタイミングと方法 …… 82

CONTENTS


待ちに待った赤ちゃん誕生の瞬間 …… 86

コラム　分娩傾向とその対策　78

7　12ヵ月の健康と生活　87

1月 …… 88

2月 …… 90

3月 …… 92

4月 …… 94

5月 …… 96

6月 …… 98

7月 …… 100

8月 …… 102

9月 …… 104

10月 …… 106

11月 …… 108

12月 …… 110

コラム　あなたの愛犬の心は大丈夫　112

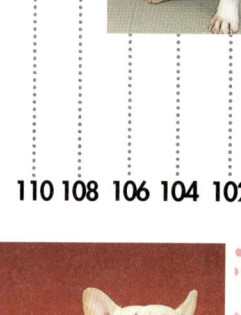

■撮影・取材協力
エー・ディー・サマーズ
■イラスト
宝代いづみ　植松さおり　重松菊乃
■デザイン
椿事務所　阿部祥子

## 8 高齢犬とおだやかに暮らす 113

いつから高齢犬？ …… 114
食事と運動にこまやかな配慮を …… 116
高齢犬によくみられる病気 …… 118
コラム　楽しかった生活をありがとう 120

## 9 病気とケガについて 121

愛犬の身体検査 …… 122
毎日のボディ・チェックで病気を早期発見 …… 124
コラム　救急箱を用意しよう 128
コラム　身体検査チェックリスト 129
一目でわかる病気の見分け方 …… 130
伝染性の病気を予防するには …… 132
気になる病気を知っておこう …… 134
血統書とは、ウチのコの戸籍です 140
さくいん 142

# をフレブルと送りたい？

## 自分とフレブルとの理想の生活が丸わかり！

**START**

**1**
小さなことにくよくよしない性格だと思う
- YES → 2
- NO → 5

**2**
どちらかというとリーダーシップをとるほうである
- YES → 3
- NO → 6

**3**
アウトドアが好き
- YES → 7
- NO → 4

**4**
男（女）は中身といいたいとこだけど本音は外見重視
- YES → 7
- NO → 8

**5**
人にふりまわされることが多い
- YES → 6
- NO → 9

**6**
小さな子供がいる
- YES → 10
- NO → 11

**7**
イヌといったらやっぱり日本犬！と思っている
- YES → 6
- NO → 8

**8**
“まめだね”とよく人に言われる
- YES → 11
- NO → 12

**9**
大型犬より小型犬が好き
- NO → 10

**10**
けっこう神経質だ

**11**
耳がたっているイヌよりたれているイヌが好き
- YES → 10

**12**
実はさみしがりや

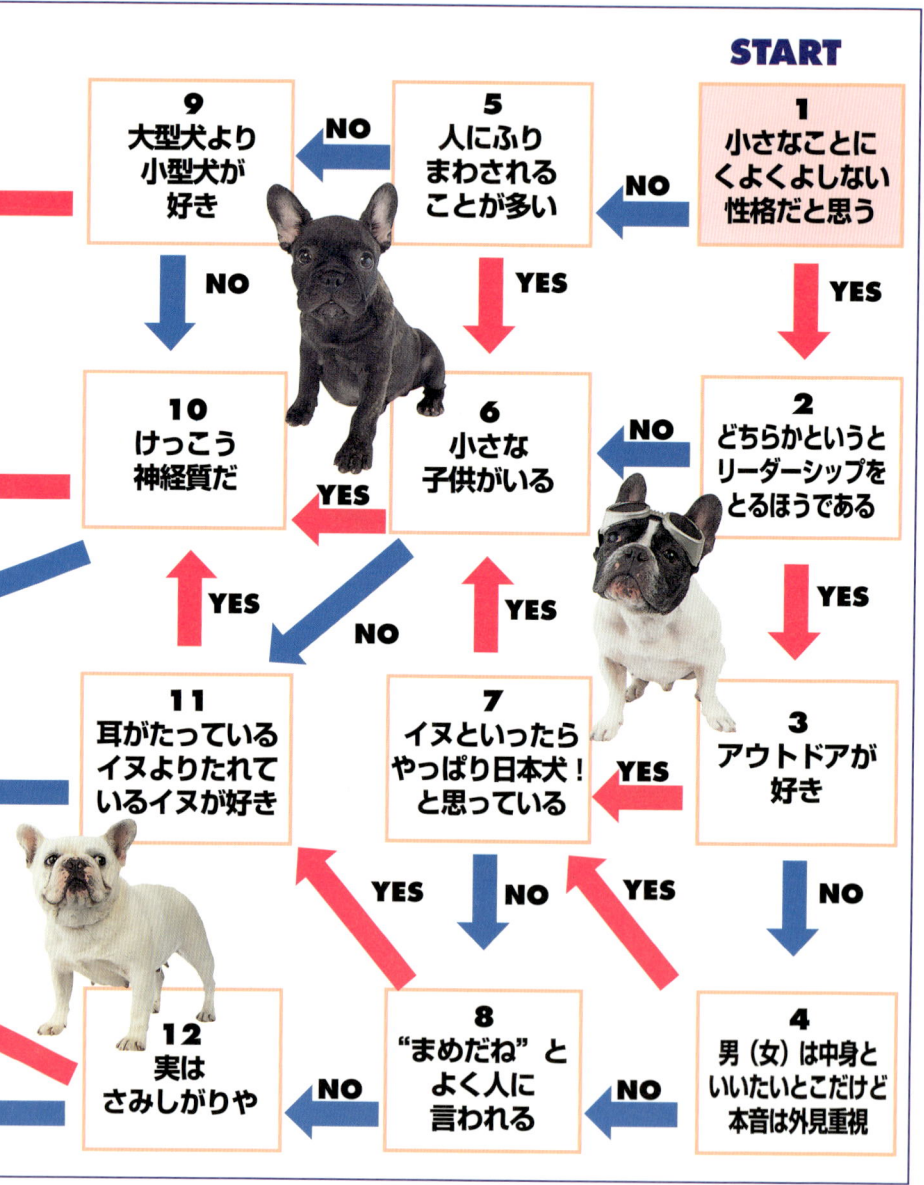

# どんな生活

## これをやれば

**フレブルとのラブラブ二人暮らしを夢見るタイプ**

YES ←

**13**
1人暮らしをしている

← YES

NO ↓

**うちのコだけのオンリーワンタイプ**

YES ←

**14**
実はあまりイヌが好きじゃなかった

← YES

NO ↙

← NO

**どんなワンコもみんな大好きタイプ**

YES ←

**15**
イヌならなんでも好きっ！

← NO

← YES

NO ↖

NO ↓

**フレブルとのアクティブライフを目指すタイプ**

YES ←

**16**
スポーツが得意または好き

← NO

ボクは
とてもいいコです。
かわいがってね

なーんてね

あまえんぼ
じょうず

# 1

# フレブルの魅力をさぐる

つぶらな瞳と愛嬌たっぷりの表情。
そしてフレンドリーで陽気な性格。
そんなフレブルが大好きっ！

# オシャレな人に人気のアーバン・ドッグ

## 労働者たちの犬から、上流階級の貴婦人の愛玩犬。そしてアーティストたちへ。

### クリエイターたちにウケる ファニー・フェイス

ファニーな顔立ちで、コマーシャル写真などで人気の高いフレンチ・ブルドッグ。元々はネズミの駆除を目的として作られた犬たちでしたが、その何とも言えない愛らしさから、当時のフランスの労働者階級の人たちに特別に愛されはじめたのが、そもそもの人気の始まりでした。その人気はやがて貴族たちの間にも伝わるようになり、イギリス、アメリカにもそのウエーブが伝わって行ったのですが、人気の発端となったのは、そのファニー・フェイスばかりではありません。まず、利口であること。そして気立てが優しく、愛情深いフレンドリーな性格であることも人気に拍車をかけました。また、基礎となったブルドッグに比べて、ダウンサイジングであることは、ニューヨーク、ロンドン、パリといった、アパート暮らしの多い都市部の人たちにとって、とてもステキなことだったのです。

さらにもうひとつ都会暮らしに欠かせない項目として、『無駄吠え』があります。その点、フレブルはあまり吠えない犬たちばかりで、すべてが都会にぴったりの犬種といえます。

パリやニューヨークの街角では、多くの人たちがフレブルを連れて歩いている光景に出会いますが、そこにひとつの傾向を発見することができます。それはデザイナーやカメラ

フレブルの看板犬がいるレストランカフェ『FRAMES』（代官山）

フレブル・グッズがいっぱい!! 看板犬ももちろんフレブル『OHFREDDY』（上目黒）

マンといった、クリエイティブな職業の人たちにファンシャーが多いということ。この傾向は日本にも表れていて、青山、代官山といった、ファッションの中心地で、やはり多くのフレブルに出会います。コマーシャル写真に多く起用されるのも、クリエイターたちにファンシャーが多いのがその理由かもしれません。

短頭犬種は表情が多いのが特徴です。中でもフレブルは、飼い主が寂しそうにしていれば不安そうに覗きこんできますし、嬉しいときには、笑っているみたいに、口をにっとします。まるで飼い主の気持ちがわかっているかのようです。この人間っぽい仕草が、普段ストレスを抱えている都会の人たちにとって、この上ない魅力なのでしょう。

フレブルはグッズもいっぱい。さすがセンスもよく、ファンシャーだけでなく、一般的にも人気。
1 OHFREDDYのワッペン。
2 表情がたまらないマグカップ（チェリー・ブラウニー）
3 OHFREDDYのニットキャップ
4 ここまでくると芸術作品のような趣もある IN CAR プレート（大宇宙屋）

# 現在のスタイルにしたのは、どこの国？

フランス、スペイン、イギリス？ 諸説いっぱいの原産国。

## イングリッシュ・ブルドッグ祖先説が、もっとも有力

フレンチ・ブルドッグといえば、その名前が示す通り、フランス原産の犬種というのが定説です。ほとんどの犬種図鑑でもそのように書かれています。しかしこの原産説には長い間異論を唱える人が多く、現在もなおその論争が続いています。

なぜ、諸説があるのかといえば、元々の基礎となった犬は何なのか、という点に由来しています。一説ではスペインを中心とする一帯のマスティフ犬が基礎だというもの。そして他説では、イギリスのブルドッグが基礎となっているもの。このどちらの説をとってもフランス原産ではないからです。現代に入っては、イングリッシュ・ブルドッグが基礎になっている、というのがほぼ一般的な説になっていますが、そうなればそうなったで、イギリス原産の犬にフランスの国名がつくのはおかしい、

1799～1805年代に出版されていた『ブリタニカ大百科事典』の中に描かれているブルドッグ。ただし現在のブルドッグのスタイルになる前のブルドッグたちで、当時のイギリスにはこのようなトーイ・ブルドッグ的な犬たちがたくさんいたという。これらの犬がフランスに渡り、フレンチ・ブルドッグになったという説が有力になっている。

**イングリッシュ・マスティフ**

元々はスペインにいたマスティフがイギリスに渡ったわけだが、この犬種がイングリッシュ・ブルドッグの基礎になったといわれている犬種で、つまり、元はみんな一緒、ということになる。

**イングリッシュ・ブルドッグ**

実はブルドッグもあまり発生がはっきりとしていない犬種のひとつ。ちなみに子犬はフレブルにかなり似ている。イギリスの国犬で、イギリスが誇る犬種でもある。

1901年に撮影されたエドワード7世と彼の愛犬ポール。写真の説明によればポールは1901年のショーではじめてチャンピオンになったフレブルとのこと。そして、左の絵にあるピーターの子どもなのだそうだ。ということは、左の絵画はピーターが高齢になったときのものというわけになる。ちなみにポールはかなり興奮しやすい性格で、肉屋の馬車に吠えかかり、轢かれて死んでしまったのだそうだ。エドワード7世はかなり悲しんだという。余談になるがエドワード8世はパグの激烈なファンシャーだったという。

1903年にイギリスで描かれた絵画で、左の犬がピーター・エイモス、右の犬がニモン・ド・エンクロワという名前で、いずれもチャンピオン犬たち。この絵画からいろいろなことが推測される。右の犬はその名前からフランスから輸入された犬だが、実はローズイアーをしている。左の犬はバットイアーの恐らくイギリス生まれの犬。あくまでもイングリッシュ・ブルドッグと区別をしたがっていたイギリス人にとってのフレブルはバットイアーが原則だった。しかも、左隅に雄牛の陰があるが、この雄牛に堂々と立ち向かっているのは、イギリス生まれのピーターなのであった。

という抗議をする人たちが登場したこともありました。

しかしこの論争は終焉を迎えつつあります。それは祖先がイングリッシュ・ブルドッグであろうと、スペインのマスティフであろうと、小型化して、その基礎を作ったのはフランスに他ならないからです。

## アメリカで、現在のスタイルを確立

そこでまた、新しい意見が登場してきます。確かにフランスで小型化されたのは事実だけれど、現在、広く人気のあるフレブルのスタイルを作り出したのはアメリカだ、という説です。フレブルの人気が高まってきた１８９０年代頃。その頃フランスで飼育されていたフレブルたちはスタイルがまちまちでした。

イングリッシュ・ブルドッグとフレンチ・ブルドッグの決定的な違いといえば、イングリッシュのローズイアーに対して、フレンチのバットイアーが挙げられますが、当時のフレブルにはローズイアーとバットイアーが混在していたのです。そのあたりのこだわりはあまりフランス人にはなかったのですが、むしろ問題にしたのはアメリカ人でした。

アメリカにフレブルが入って後、１８９８年に開催された単独ショーで、現在のスタイル、つまりバットイアーとスクエアな頭がスタンダードとして決められたのです。その後、１９００年の初頭には、アメリカ国内では素晴らしいフレブルが登場するようになり、もう、これ以上の輸入の必要はないと判断されるようになりました。現代のフレブルを作ったのはアメリカだという考え方の原点はここにあります。

# スタンダードを正しく知ろう

ファンシャーなら、正しいフレブル・スタイルをチェック!!

## スタンダードって何?

『スタンダード』とは、標準、つまりその犬種の標準的なスタイルを表しているものです。純血種といわれる犬たちは、人間がその姿を作り上げています。ですから、誰もがわかる、その犬種の理想的な姿が必要なのです。ファンシャーであれば、その犬種の理想的なスタイルを知っておくべきです。知ることによって、フレブルの魅力を再認識するはずです。

　スタンダードは各国の団体によって、若干異っています。ここでは、ジャパン ケネル クラブ（JKC）の第十版に記されているスタンダードを紹介していきます。JKCのスタンダードは国際畜犬連盟（FCI）のスタンダードに準じているものです。

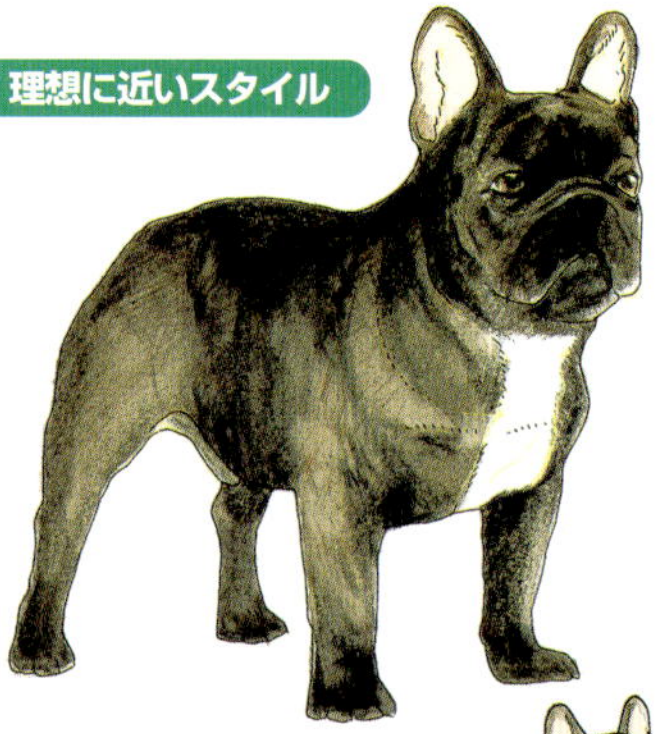

理想に近いスタイル

理想に近い
オスのスタイル

理想に近い
メスのスタイル

ごつすぎる印象

バランスのとれた
スタイル

細くてひ弱な印象

**JKCのスタンダード**

※全文紹介していますが、各部について、それぞれ分割して記載しています。

**FCIスタンダード　NO101**

**原産地**　フランス

**FCI分類**　グループ9 コンパニオン・ドッグ&トイ・ドッグ
セクション11 小型モロシアン・タイプ・ドッグ

**一般外貌**　典型的な小型のモロシアン・ドッグである。小型のわりに力強く、全体的にプロポーションは短く、コンパクトで、被毛は滑らかで、顔は短く、しし鼻で、直立耳と自然な短い尾を有する。活動的な外観で、理解力があり、たいへん筋肉質で、骨格のしっかりしたコンパクトな体躯構成でなければならない。

**習性・性格**　社交的かつ活発で、遊びやスポーツが好きで、鋭敏である。主人や子どもに対しては特に愛情豊かである。

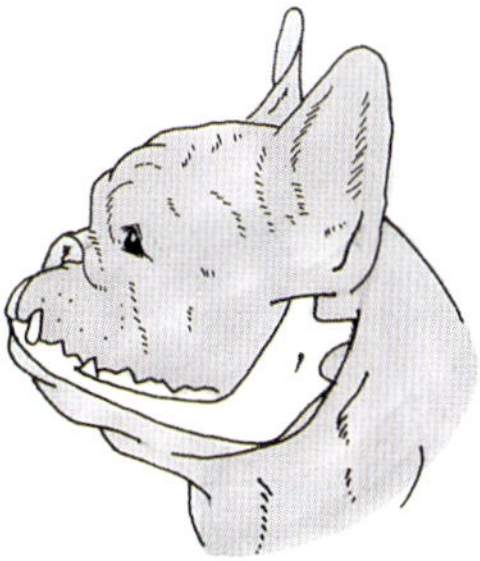

アゴがまっすぐなのは、正しくない咬み合わせ

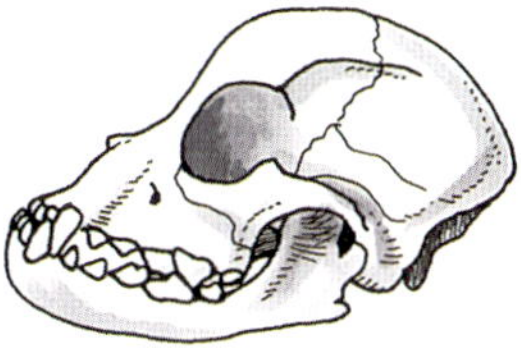

正しい咬み合わせのスケルトン

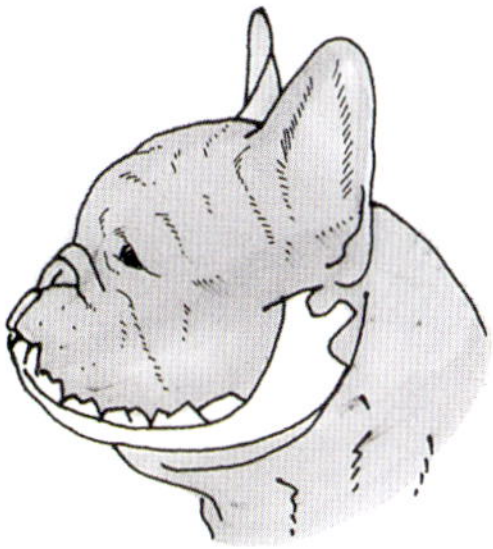

正しい咬み合わせ

### 頭部

頭部はたいへん頑丈で、幅広く、角張っている。頭部の皮膚には対称的な襞と皺が入っている。頭部は顎骨から鼻までが短いのが特徴で、頭蓋は長さはないが、幅がある。

### ❸ ストップ

たいへん明瞭である。

### ❻ 目（アイズ）

活き活きとした表情で、位置は低く、鼻から遠く、特に耳からはたいへん離れた位置に付き、色はダークで、かなり大きく、十分な丸みを帯び、僅かに出目である。真っ直ぐに前方を見ている時には白い部分（強膜）は全く見えない。眼瞼の縁はブラックでなければならない。

### ❽ 頬（チークス）

頬の筋肉はよく発達しているが、張り出さない。

### ❿ 顎（ジョーズ）

幅広く、スクエアで、力強い。下顎は大きなカーブを描いており、そのカーブは上顎の前の部分で終わる。口が閉じられている時、下顎の突出（顎の突き出たアンダーショット）は、下顎のカーブにより滑らかに見える。このカーブは下顎の歯列と上顎の歯列との大きなずれを避けるために必要である。

### ❶ スカル

幅広く、ほぼ平らで、前頭部はよく発達している。眉弓は顕著で、両目の間の特に発達した皺で分けられている。この皺は前頭部まで達してはならない。後頭部の隆起はほとんど発達していない。

### ❹ 鼻（ノーズ）

幅広く、たいへん短く、上を向いており、鼻孔はよく開き、対称的で、後方に傾いている。鼻孔の傾斜と上向きの鼻（しし鼻）が通常の呼吸を妨げることがあってはならない。

### ❼ 頸（ネック）

短く、僅かにアーチし、デューラップはない。

### ❷ マズル

たいへん短く、幅広で、上唇に向かって中心を共にする対称的なひだができる。（マズルの長さは頭部全体の長さの6分の1である。）

### ❺ 耳（イヤーズ）

中ぐらいの大きさで、付け根は幅広く、先端は丸みを帯びている。頭部の高い位置についているが、互いに接近しすぎることはなく、まっすぐに立っている。耳の開口部は前方を向いている。皮膚はなめらかで、感触は柔らかくなければならない。

### ❾ 唇（リップス）

厚く、僅かにゆるく、ブラック。上唇は下唇と真ん中の部分で合わさり、歯を完全に覆っており、決して歯が見えることがあってはならない。上唇の側面は下降し、丸みをおびている。舌は見えてはならない。

### 歯（ティース）

下の切歯は、どのような場合においても上の切歯より内側にくることがあってはならない。下の切歯のアーチは丸みを帯びている。顎は側方に逸脱していても、ねじれていてもならない。切歯のアーチの配置は、あまり厳しく定められない。重要な点は、上唇と下唇が完全に歯を覆うような形で結び合わされることである。

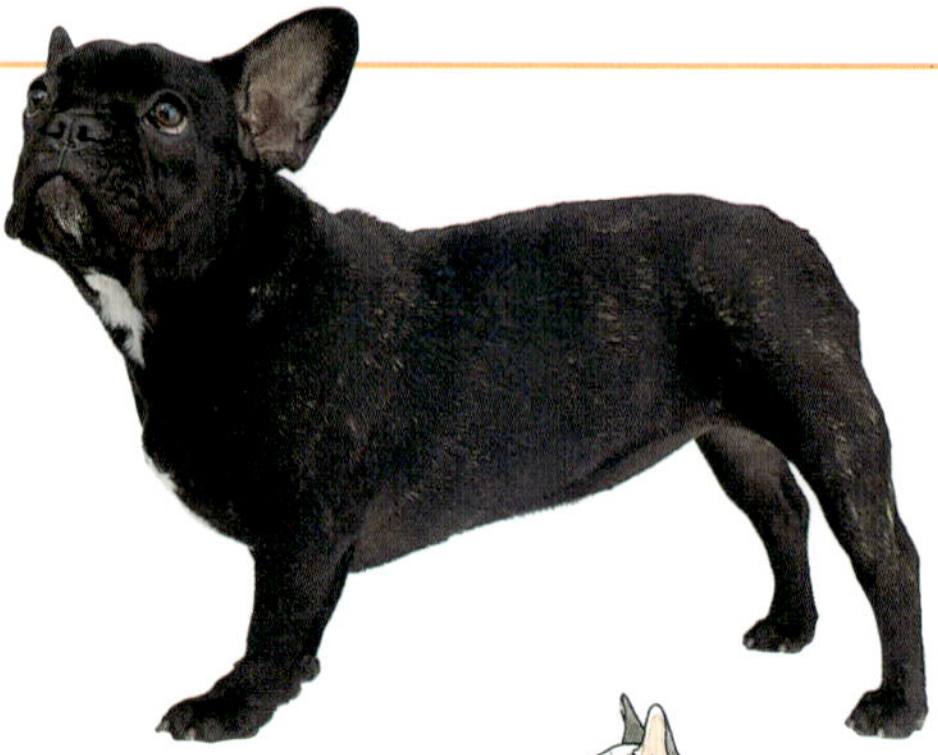

きれいな頸のバランス

短すぎる頸

長すぎる頸

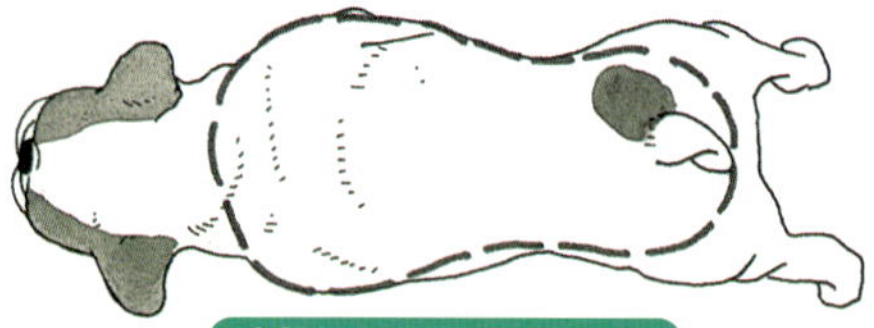

上望からの正しいバランス

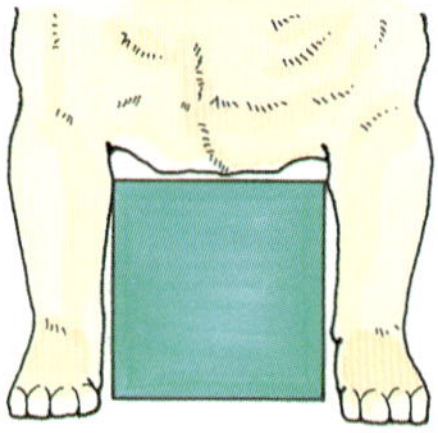

正しいバランスの前肢

広がりすぎ

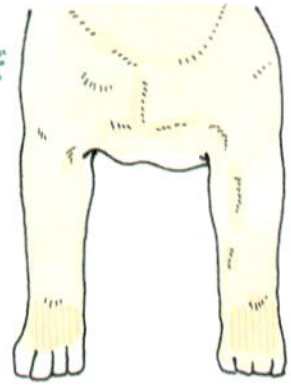

狭すぎ

### ボディ

**トップライン**　水平で、腰の部分で高くなり、尾に向かって急激に下降する。この構成がたいへん重要で、腰は短い。

**背（バック）**　幅広で、筋肉質である。

**腰（ロイン）**　短く、幅広である。

**尻（ランプ）**　傾斜している。

**胸（チェスト）**　円筒形で、十分下がっており、肋郭は樽胴で、たいへん丸みを帯びている。

**前胸（フォアチェスト）**　幅広である。

**腹及びひばら（ベリー&フランク）**　過度に巻き上がりすぎることなく、張っている。

**尾（テイル）**　短く、尻の低い位置に臀部に沿ってついており、付け根は太く、自然にこぶ状になるかねじれており、先端は先細である。動いている時も、水平より下に保たれる。比較的長く（飛節より下に達してはならない）、ねじれて先細になっている尾は許容されるが、好ましくはない。

### 四肢（リムズ）

**前肢（フォアクォーターズ）**　側望すると、前脚は垂直で、前望すると、両脚はよく離れてついている。

**肩（ショルダー）**　短く、厚く、丈夫で、よく目立つ筋肉がついている。

**上腕（アッパーアーム）**　短い。

**肘（エルボーズ）**　ボディに密接している。

**前腕（フォアアーム）**　短く、真っ直ぐで、筋肉質である。

**手根（カーパス）・中手（パスターン）（メタカーパス）**　がっしりして短い。

**後肢（ハインドクォーターズ）**　力強く、筋肉質で、後脚は前脚よりも僅かに長いので、後躯が高くなる。後望すると、両脚は垂直で、平行である。

**大腿（サイ）**　筋肉質で、丸みを帯び過ぎることなく丈夫である。

**飛節（ホック・ジョイント）**　かなり低く位置し、角度がありすぎても、真っ直ぐすぎてもならない。

**中足（リア・パスターン）（メタターサス）**　がっしりして、短い。フレンチ・ブルドッグは生まれつきデュークローがない。

**足（フィート）**　前足は丸く、面積が小さい。つまり、猫足である。又、地面にしっかりと立ち、僅かに外向している。指趾はコンパクトで、爪は短く、厚く、よく離れている。パッドは堅く、厚く、ブラックである。ブリンドルの場合は、爪はブラックでなければならない。パイドの場合とフォーンの場合は、ダークな爪が好ましいが、明るい色の爪はペナルティーは課せられない。後足はたいへんコンパクトである。

**歩様（ゲイト・ムーブメント）**　動きは自由で、脚はボディの中心線に対して平行に動く。

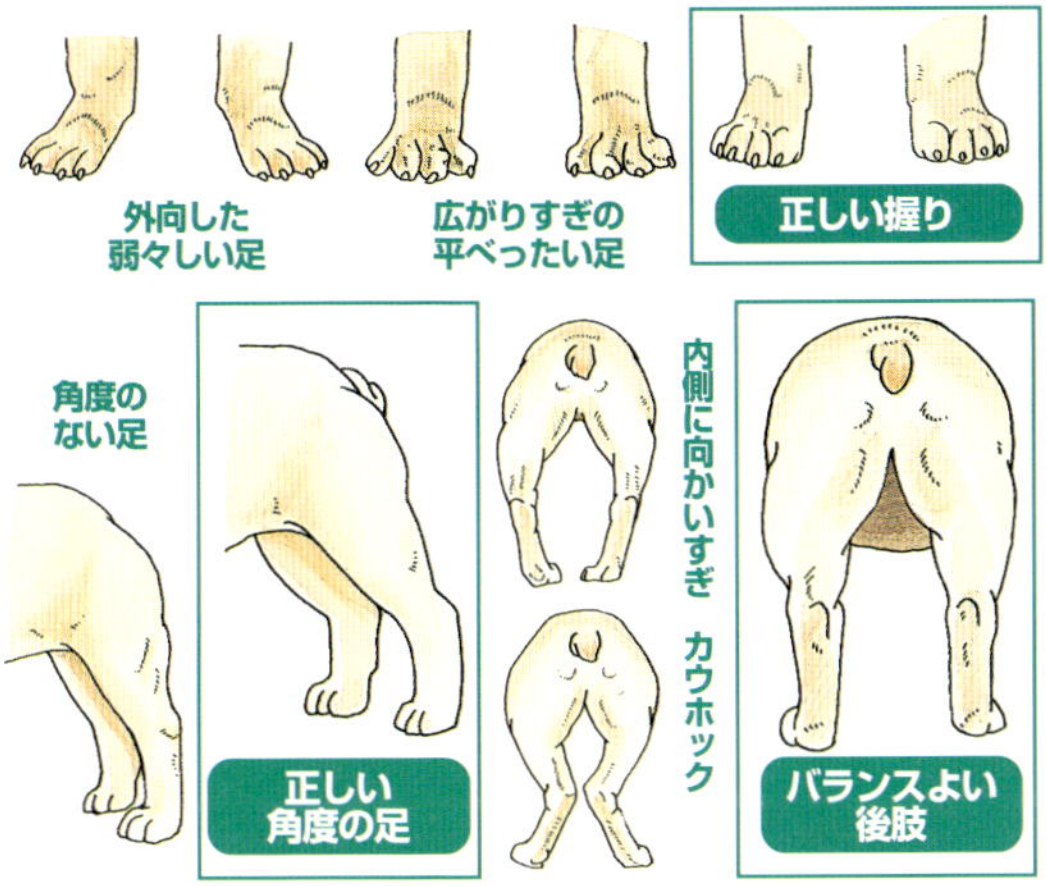


## フレンチ・ブルドッグのコート・カラー

### 被毛（コート）

**毛（ヘアー）**　被毛は美しく、滑らかで、ボディに密着し、光沢があり、柔らかい。

**毛色（カラー）**

・フォーン、ブリンドル、およびそれぞれの毛色にわずかな白斑のあるもの。

・パイドは白地にフォーン又はブリンドルのあるもの。

・フォーンの色調はレッドからライト・ブラウン（カフェ・オ・レ）まである。全体にホワイトの犬は〈パイド〉に分類される。鼻がたいへんダークで、目の色がダークで、眼瞼もダークの場合、顔の色素がある程度抜けていても犬質が高い場合例外的に認められる。

### サイズ

良いコンディションの場合、体重は8kgを下回ってはならず、14kgを越えてもならない。体高は体重と釣り合いが取れていなければならない。

### 欠点

上記の点からのいかなる逸脱も欠点とみなされ、その欠点の重大さは逸脱の程度に比例するものとする。

**重大欠点**

・口を閉じている時に切歯や舌の見えるもの。

・フォーン又はブリンドルに、白斑が全くないか白斑がほとんどない犬で顔にピンクの斑のあるもの。

・オーバーウエイトや体重の足りないもの。

**失格**

・鼻の色がブラック以外のもの。

・シザーズ・バイト

・口を閉じた時に犬歯が常に見えているもの。

・両目の色が異るもの。（双眼異色）

・真っ直ぐ立っていない耳。

・断耳・断尾。・無尾。

・後肢にデュークローのあるもの。

・毛色がブラック・アンド・タン、マウス・グレー、マロンのもの。・陰睾丸。

# 楽しい生活を送るためのコツ

## 愛犬と出かけると新しい発見と出逢いが待っている。

### イヌも楽しい時間を一緒に

フレブルはとにかく飼い主といるのが大好き。本当は24時間、ずーっと一緒にいたいと思っています。とはいってもただそばにいるだけではイヌだって面白くありません。

「じゃあ、遊ぼう」と、みなさん思うのですが、なかなか思いつかないのがこの『遊び』。遊びを考え出すことも実は飼い主の役目なのです。

### 旅行に便利なグッズ&必需品

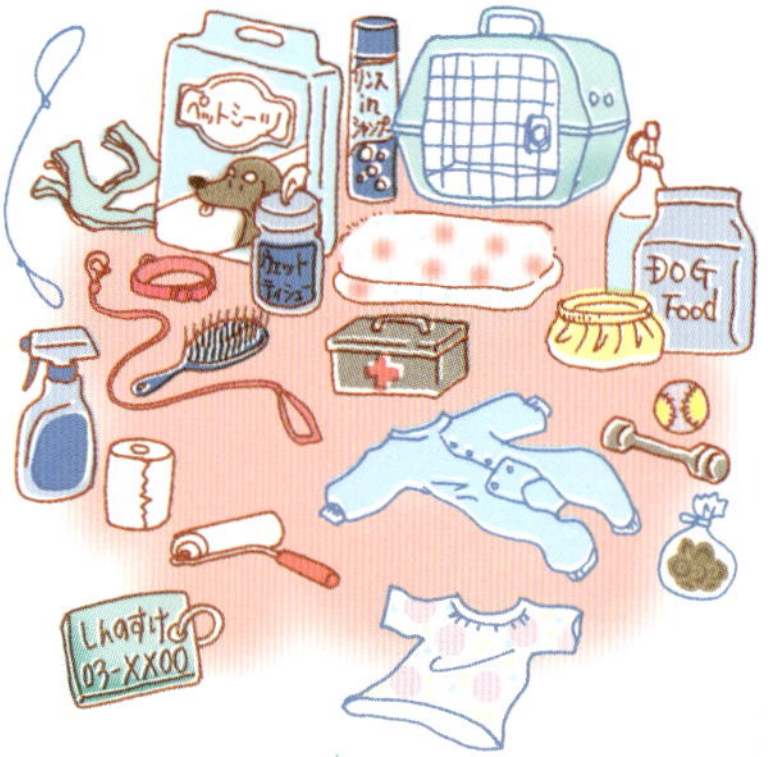


01　ケージ
車での移動や、宿の室内ではケージなどをセッティングしておき、そのなかでイヌが過ごすことができるようにします。

02　フード&お水
普段食べ慣れているドッグフードをいくつかに分けておきます。お水はペットボトルや水筒などに入れて、夏場なら凍らせたり、氷を入れたりして冷やしておきましょう。

03　フードボウル
お水入れとは別に、フード専用の携帯に便利な素材（ナイロン製）のものを持って行くとかさばらないで収納できます。

04　排泄用グッズ
ウンチ用のビニール袋を旅行日数以上に用意しましょう。水に流せるティッシュなどもあると便利でしょう。トイレシーツも多めにもってくいくと安心です。また、男の子の場合、マナーパンツなども持っていくのもオススメです。

05　グルーミンググッズ
サイズの違うタオルを数枚。イヌ用のタオルは何枚あっても助かるものです。また、ブラシ、シャンプーも欠かせません。

06　マナーグッズ
お互い気持ちよく利用するための必需品となるのが、粘着テープ、消臭スプレー、ウェットティッシュ、トイレットペーパーです。

07　リード&首輪
普段使っているものは必ず持って行きましょう。その他、リードと首輪が一本化しているものもあると、便利です。

08　救急箱
いざというときのために、愛犬用の救急箱を用意して下さい（詳しくはP128をチェック）。この他にも持病や乗り物に酔いやすいイヌは薬も忘れずに。

09　IDタグ
迷子札は旅先ならなおのこと必要になります。名前と住所と連絡先をきちんと記入しておきましょう。

10　オモチャ
オモチャはいつも遊んでいるものの他に、トライしてみたいものなどを持っていくと、よりいっそう旅が楽しくなります。

11　Tシャツ・つなぎ
抜け毛対策に欠かせないのが、4つ足タイプのつなぎと、熱さ対策にもなるTシャツ。宿の中には洋服を着用するのを義務づけているところもあります。

## 「もしも……」のときは？

**旅行中は、普段では考えられないことが起こるケースもあります。そんなもしものときのために、これだけは知っておくと便利です。**

### Q　イヌが走っていったまま、戻ってこなくなってしまいました。

### A　歩いてきた道を戻る

まず、重要なことは、旅行に出かけるときは、飼い主の連絡先を書いたIDタグを必ずつけておきましょう。イヌの姿を見失ってしまった場合は、今、通ってきた道を辿ってスタート地点まで戻ります。こうするとイヌと飼い主の足跡（臭い）が、二重に地面につきますので、イヌは飼い主の匂いを発見しやすくなるのです。

### Q　ドッグランで愛犬がケンカに巻き込まれてしまいました。上手な引き離し方法はありませんか。

### A　ホースやバケツの水で気をそらす

イヌのケンカにもいくつかのパターンがありますので、まず、それを見極めることが大切です。どちらかのイヌがケガをしそうなケンカでは、飼い主が怒鳴っても、効果がありません。こんな危険な状況の場合は、ホースや大量のバケツの水をイヌにかけて驚かせます。そして両方のイヌがひるんだスキに首輪を掴んでお互いを離すようにします。

### Q　愛犬がケガをしてしまいました。

### A　応急処置が重要なポイント

イヌは人と違って「ケガ」を自分で認識することができませんので、ケガ＝ショック状態になってしまうことがあります。イヌの心配をとり除くのは、飼い主の的確な判断と応急処置です。

### Q　急に元気がなくなってしまいました。

### A　なにか心配ごとがあるサイン

環境が変わりますので、食事をしないイヌやトイレをしないイヌもいます。特にフレブルは神経質な面をもっているイヌもいるので、遠出をする場合は日頃使っている毛布やオモチャなどを持っていくと安心します。

### Q　どうしよう…。やってしまいました。

### A　トラブルには誠意のある対応を

宿でのトラブル、イヌの咬傷事故など、普段は起こらないことが予測されます。どんなトラブルであっても、きちんと話し合うことが大切です。

# パブリック・スペースでの過ごし方

## ■ペンション、ドッグランなどで

愛犬とゆったり過ごしたい人たちに大人気なのが、犬連れ旅行。最近は愛犬と一緒に宿泊できるペンションやホテルなどもたくさんできました。リゾート型の施設も増えており、施設内にプールやドッグランなどのイヌ用のアクティビティが完備している場所もたくさんあります。あまり活動的な性格ではないフレブルの場合、こういったタイプの施設は移動が少ないので、とくにおすすめです。

このような施設の場合、どこでも独自のルールを持っています。施設を利用する前にそのルールをしっかりと読むことはとても重要です。そして当然、守らなければなりません。もし、あやまってルール違反のことをやってしまった場合には、きちんと話しあって解決をするようにしましょう。

## ■カフェ・レストランなどで

ペンションなどと違って、事前にルールを読むことはあまりありませんが、飼い主として常識的な行動を問われます。「ウチではこうやってるから……」と勝手に振る舞う飼い主の人をときおり見かけますが、人間社会に常識があるように、犬連れであっても、一般常識を守らなければなりません。

また、カフェやレストランの場合、犬連れでないお客さんもいますので、そういった方たちへの配慮も忘れないようにすることが大切です。

カフェやペンションの食堂など、イヌは飼い主のイスの下で静かに待っているのが基本です。

## 『やってはいけない』三原則

飼い主と同じ食器は絶対に使ってはいけません

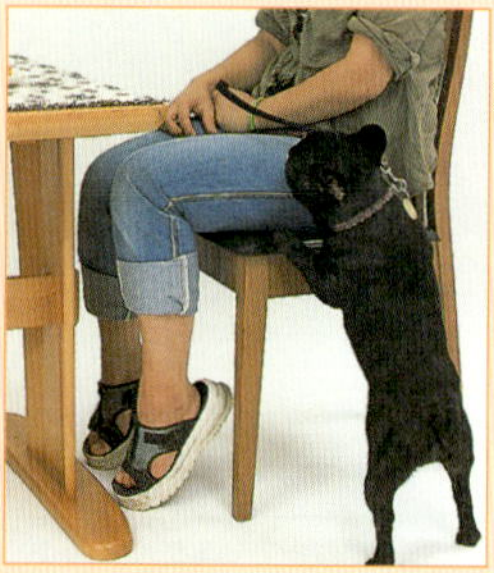

店内で愛犬が騒ぐことがないようにしましょう

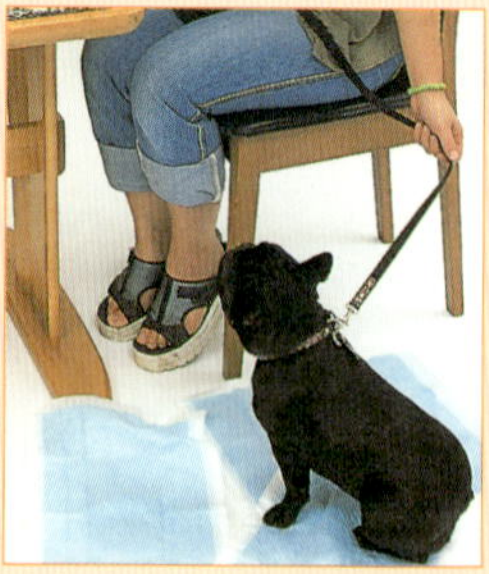

店内ではトイレ・シーツを広げないこと。もし粗相をしてしまったら素早く対応します

# 2
# 子犬を迎えに行こう!!

いよいよわが家に待望のフレブルがやってきます。
どんな準備が必要なの? 初めての夜はどうするの?
そんなみなさんの不安にお答えします。

# 子犬を購入するいくつかの方法

自分に合った方法で、子犬と運命的な出会いをしましょう。

子犬との出会いは時に運命的です。素敵な縁をもてるように、ここにいくつかの購入方法を紹介します。それぞれに利点・注意点がありますので、自分に一番合った方法を選んでください。

## 良いペットショップの見分け方・選び方

純血種が欲しいと思ったら、ペットショップで探すのが最も一般的な方法です。では、数あるなかから、どのような点に気をつけて、ペットショップを選べばいいのでしょう。簡単なチェックポイントを紹介しますので、ぜひ参考にしてください。

### 店内の臭い

ショップに入った途端に、ペット独特の臭いがこもっているのを感じたら、いい加減な掃除を疑ってみてください。子犬やケージの中の衛生状態も心配です。排泄物などで汚れていないか確認しましょう。

### 店員の接客態度

お客さんに対する店員の振る舞いは、ショップのオーナーの考え方そのものにほかありません。犬種の知識が豊富かどうか、食事やトイレなど子犬の管理について聞いたとき、納得のいく答えが返ってくるかどうかに気をつけたいものです。

### アフターフォロー

購入した直後に子犬が突然病気にかかってしまったとします。そのときショップがどのように対応してくれるのか、保証制度のようなものを用意しているかなどがチェックポイントです。さまざまな事態にできる限りの誠意を見せてくれるショップは信頼がおけます。提携獣医師による健康相談を定期的に行っている所はさらにいいでしょう。また、ほかの子犬と遊ばせるようにしていたら、〝社会化〟の重要性を理解しているショップだということです。成犬になってからの問題行動は、生後45～60日の大切な時期に、社会性を身に付けたか、否かで大きく変わってきます。あとあとのしつけに差が出てきますから、将来のことを考えたこのような取り組みは、お客さんのことをきちんと考えているサービスといっても過言ではありません。

最も大切なのは、事前にいろいろな点について、勉強しておくということでしょう。イヌに関して知りたいこと、疑問に思うことを、ショップの店員に何でも相談してみます。あれこれ会話を交わしていくなかで、たくさんの情報を得られるはずです。そうすれば、愛犬との素敵な出会いがきっと待っていることでしょう。

## これがトラブル回避のコツ
## 購入時に確認しておきたい check《チェック》5

「子犬を購入後、すぐに病気で死んでしまった」「純血種だといわれて購入したのに、いざ成長すると、フレブルとは思えない犬種になってしまった」などのトラブルを耳にすることがあります。このようなトラブルを避けるために、購入時に以下の5つを確認しておくといいでしょう。

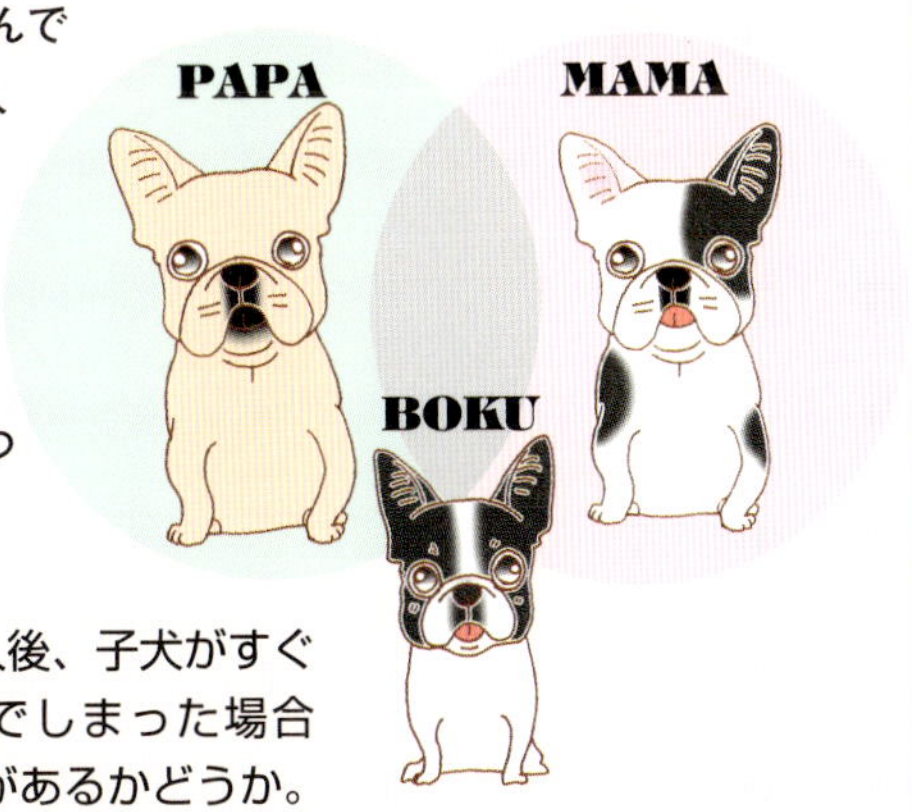

**1.** 購入後、子犬がすぐに死んでしまった場合の**補償**があるかどうか。
**2.** **ワクチン接種**はされているかどうか。
**3.** **血統**はどうか。血統書を見て、その子犬が遺伝疾患をもっているかどうか。もっている場合、それは遺伝なのか、発症なのか。
**4.** **親犬**の性格や体質はどうか。
**5.** 子犬の**正確な生年月日**、**性格**や**健康状態**はどうか。

## 犬種専門のブリーダーから購入する

　最近は、専門犬舎からイヌを購入するというケースが次第に増えてきました。犬種に対するしっかりした考えをもち、こだわってブリーディングしているところが少なくないので、理想的なイヌにめぐりあえる可能性が高いのです。では、一般の人がブリーダーから子犬を手に入れる場合、どうアプローチすればいいのでしょうか。

　一番手近な方法は、愛犬雑誌などによく掲載されている広告から選ぶものです。広告には、繁殖したイヌの写真、血統の履歴、オーナーのポリシーなどが載っています。これだけで判断するのはなかなか難しいのですが、同じフレブルでも、ブリーダーを見比べることができます。

　ブリーダーから購入するメリットの1つは、子犬と一緒に親犬を見ることができるところにあります。子犬の成長した姿を想像するには、とにかく親犬を見せてもらうのが一番です。

　さらに、もう1つのメリットは、子犬が育っている環境を知ることができる点です。申し分のない環境で愛情深く育てられていると判断できれば、繁殖に対するブリーダーの姿勢がわかります。

　ブリーダーにコンタクトをとるには、すでに同じ犬舎から購入したことのある人に紹介してもらうのがいいかもしれません。

### ペットブリーダーとショードッグブリーダー

　ブリーダーと一言でいっても、ペットブリーダーとショードッグブリーダーの2つがあります。ショードッグブリーダーとは、その名の通り、ショードッグを作出するためにのみ、ブリーディングを行っています。したがって、そこでは、ペットのためのブリーディングは行われません。彼らは、ハイクオリティなブリーディングを第一に考え、あらゆる努力をしています。

## インターネットの情報を活用する

近ごろは、インターネットで子犬を探す人も多いようです。ペットショップやブリーダーをはじめ、たくさんの子犬情報がネット上を飛び交っています。

情報の量、スピードにおいて、インターネットに勝るものはないかもしれません。誰もが検索できる手軽さ、自宅で探せる気安さは、今どきのニーズにぴったりです。うまく活用すれば、思いのほか簡単に目当ての情報を引き出せるでしょう。

しかし、子犬が手元に来るまで直接見ることができない場合が多いので、いくつかの注意点があります。

もうすでに子犬が産まれているなら、画像データを送ってもらいます。必ず母犬の写真も見せてもらってください。足を運べる所なら、何度か見に行くことをおすすめします。

金銭の受け渡し方法、子犬の受け取り方法は、あらかじめ確認し、納得がいくまで話し合ってください。

### そのほかから子犬を手に入れる方法

ここに紹介した方法以外でも、子犬はいろいろな場所で入手できます。身近な所では、ペットグッズを豊富に取り扱うホームセンターがあります。ペットショップがテナントとして、またはホームセンターと提携してチェーン展開しているところが少なくありません。専門のスタッフが接客にあたっているので、ペットショップで子犬を求めるときと同様、聞きたいことは何でも質問することができます。

このほかには、動物保護センターの里親制度、愛犬雑誌や動物関連のイベントで行われる里親募集、知人のところで産まれた子犬など、方法はたくさんあります。いずれにしても、飼う前にチェックすべき点はクリアにしてから子犬を迎えましょう。

# 子犬の選び方

## 子犬の選択ポイントは、容姿よりも性格が第一です。

### 容姿よりも性格が決め手！

子犬の選択ポイントは、何といっても性格です。容姿がいいと一目惚れをし、一度で〝この子！〟と決めてしまうのはいかがなものでしょうか。できれば、広い場所で子犬たちが自由に行動する様子を観察してみましょう。弾むように飛び回り、ほかのイヌたちとじゃれあう子犬は明るい性格の持ち主。さらには「オイデ、オイデ」と呼びかけたときに、喜んで駆け寄ってくるような社交性のある子が理想です。反対に、人の姿を見て、慌てて犬舎へ逃げ込むような子は、それだけ性格がシャイな証拠。大きくなれば、異常な警戒心から無駄吠えしたり、人を威嚇したりすることもあります。

### オス・メスよりも相性で判断を

オスにするか、メスにするかは個人の好みの問題であり、性別で善し悪しをいうことはできません。たとえば、オスを選ぶ理由には、シーズンがないし、メスよりも忠実で、被毛の質が良いということがあるでしょう。メスを好む人の理由には、オスよりも情が深く清潔だという考えがあります。しかし、このような性別の違いはありますが、あらかじめ、オス・メスとこだわって決めてしまうよりも、自分と子犬の相性がいいかどうか性格を見極めて、それを選択の基準にしたほうがよいといえます。

### 瞳が物語る性格の善し悪し

「目は心の窓」と言われますが、子犬の場合も同じです。とくに、フレブルの瞳は澄んだ眼差しの奥に、知性が宿っています。表情をよく観察しましょう。キラキラ輝いて好奇心いっぱいの目をしていますか？　最大のポイントは白目を出さないこと。手をパンと叩いたときに、目玉をキョロキョロさせたり、耳をピクピクしたりして反応するのではなく、顔全体を音の方向に向けてしっかりと見据える、そんな子犬が、賢く、強い精神力の持ち主であると言えます。

# 健康な子犬の Body Check

ボディチェック

### 耳

左右のバランスが良く、内部は薄いピンク色。強い悪臭を放ったり、耳あかで黒く汚れていてはいけません。しきりに耳を掻いたり、床にズルズルと押し付けているのを見たら、要注意。

### 目

生き生きと輝き、澄んだ瞳。目の色、目の回りが涙や目やにで汚れていないかをチェック。先天的な障害については、ボールやペンライトを追わせて判断します。

### 鼻

適度な湿り気がなくてはなりません。鼻水が出ている、乾いてカサカサになっている、呼吸のたびに音がする、などの状態のときは注意が必要です。

### 口

歯茎や舌はピンク色をしていること。子犬が嫌がらない程度に、歯茎や歯列の様子を見てみましょう。口臭がないかもチェックします。

### 行動

好奇心旺盛に元気よく動いていたり、気持ちよさそうに眠っているのは健康な証拠。元気がなく、動きが鈍い、食欲がなさそうといった場合は、何か問題を抱えている可能性があります。

### 皮膚

弾力があり、毛づやが良くて、フケや汚れがないかを確かめてください。カサカサしていたり、べたついた感じの場合は、アレルギー性の皮膚疾患を起こしているかもしれません。

### 肛門

周囲に便がついていないかチェックします。汚れていたり、べたべたしていたら、下痢をしています。内臓の病気に感染している恐れがあります。

# 子犬を迎えるための準備

最低限必要なものをそろえて、子犬との生活に備えましょう。

## 必ず用意しておきたいもの

子犬が来ることが決まったら、必要なものを用意しておきましょう。

まず、子犬が落ち着くことのできるサークルやベッド、ケージ、おもちゃ類、食器、グルーミングやケアグッズは最低限必要です。では、どんなものがいいのでしょうか。具体的に紹介していきましょう。

### サークル

子犬が安心していられる場所を居間などに設置します。

サークルの中に、ビニールシートを敷き、子犬の体にフィットするようなベッドを入れます。

子犬がサークルの中で、安心して生活できるようにしてあげます。また、設置する場所は、家族が集まる場所にします。子犬の頃から、さまざまな人に慣れさせることは重要です。寂しい思いをさせると、性格形成に影響が出てしまいます。

### ベッド

簡単に洗濯できるものが便利で、衛生的です。

### フードボウル

子犬専用の食器を用意します。重みがあって動きにくい、ステンレス製か陶器製のものがいいでしょう。水入れはサークルに付けるタイプのガラス製の自動給水器が安心。新鮮できれいな水がいつも飲めます。

## これで準備はバッチリ！

### ヒーター

とくに、子犬のうちは寒さで体調を崩しやすいので、ペット用ヒーターは必需品です。ただし、低温やけどやヒーターのコードをかじることによる事故などに注意しましょう。

### トイレ&トイレシーツ

生活環境によって変わってきますが、フレブルのような小型犬なら、室内にトイレを用意しておきましょう。

### リードと首輪

首に何かをつけさせることは、遊びのなかから覚えさせていきましょう。最初はゆるめにリボンをつけ、長い紐にも慣れさせます。3～4ヵ月までは、リードと首輪が一体になったものがおすすめ。6ヵ月を過ぎると、首輪でもいいでしょう。胴輪は基本的にはトレーニングがきちんと入ったイヌにおすすめです。

### グルーミンググッズ

ブラシ、爪切り、爪やすりは最低限必要なもの（5章参照）。シャンプーやリンスなどは、子犬用のものをそろえてあげましょう。フレブルは皮膚が弱いので、成長してきたら、できるだけそのコの体質に合ったシャンプーを選んであげてください。

## おもちゃ

子犬を迎えるときに、フードボウルやトイレシーツなど、衣食住に関するものは万全の準備をするのですが、意外と見落とされがちなのが〝おもちゃ〟です。人間の赤ちゃん同様、あるいはそれ以上に、子犬はさまざまな事柄に興味があります。1日中でも、誰かと遊びたがっています。飼い主が朝から晩まで相手をしてあげることができればいいのですが、なかなかそういうわけにもいきません。

そんなときに必要なのがおもちゃです。子犬はおもしろいおもちゃがあれば、ひとりで遊んでいます。その遊びのなかから、いろいろなことを学んでいくのです。また、飼い主がかまってくれないことに対する精神的なストレスを軽減することもできます。

おもちゃにもいろいろ種類がありますが、それぞれに意味があります。それをよく理解して、子犬の本能を満たしてあげるような、安全なおもちゃを用意してあげましょう。

### ■ゴム製の噛むおもちゃ

成長期のイヌは絶えず歯がうずいています。そんなときに噛むタイプのおもちゃは効果があります。また、弾力性のあるゴムは歯茎に適度な刺激を与えてくれます。

### ■ボール遊び

ボールなどの物を追いかける遊びは、イヌの本能的な遊びのひとつです。この遊びを繰り返すことによって、イヌとしての健全な精神が養われます。

### ■綱引き遊び

これもイヌが大好きな遊びのひとつです。飼い主とのコミュニケーションを楽しむことができます。この遊びを上手に利用して、リーダーの地位を決めることができますので、絶対にイヌを勝たせてはいけません。

### ■ガム

退屈な時間のときや、歯が抜け替わるときには何でも噛むので、その前にガムを与えておくこと。色がついているものはダメ。ガムはストレス解消と成長してからは歯石の予防にもなります。

# 状況に合わせて選びたい数々のおもちゃ

## 01 ボール

子犬の口の大きさに合わせて選ぶようにしましょう。弾力のあるもののほうが歯を痛めません。噛むと音が出るタイプもありますが、この音を嫌うイヌもいます。

## 02 ロープ

綱引き遊びに使います。大きさ、太さはさまざまなものがありますので、子犬に合わせて選ぶようにしましょう。

## 03 ぬいぐるみ

ゴム製のおもちゃは噛んで遊びます。ぬいぐるみも噛んだりなめたりして遊びますが、柔らかな素材のものがあると、子犬は精神的に落ち着きます。与えるときは、目や鼻に突起物やプラスチックのものがついていないかチェック。

## 04 ダンベル

将来、トレーニングに役立つダンベルをおもちゃとして用意するのもいいでしょう。子犬用の小さいタイプもあります。

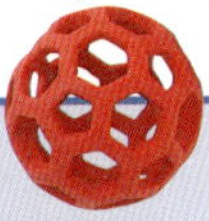

## 05 ホーリーローラーボール

イヌ同士の引っ張り合いやお留守番のときに役立つアイテム。

## きちんと『遊び』を終わらせましょう

　おもちゃを使った遊びは、子犬にとって肉体的にも精神的にもいいものですが、イヌは飽きることを知りませんので、度を越して遊びすぎないように注意をしなければなりません。ことに飼い主と一緒に遊ぶときには、必ず飼い主がリーダーになるようにします。つまりあなたの合図で遊びはスタートするのです。遊びたがりの子犬たちは自然とあなたに注目し、あなたの指示を待つようになります。

　ただしいつまでも遊びの時間が続くわけではありません。きちんと終わらせることは、遊びのスタートよりももっと大切です。一定の時間を設定し、遊びの終了の時間がきたら「オワリ」や「オシマイ」などのコマンドできっちりと終わらせ、そしてこのコマンドの後は、一切、遊ばないようにします。

　さて、よくわからないのがこの『一定の時間』です。理想的なのは、イヌがもっともおもちゃに熱中している時間です。子犬ですと5分くらいが目安になります。「もっと遊びたい～」と思っているときにやめることによって、また、次の遊びの機会につながりますので、子犬は遊んでもらいたくて、さらに飼い主に注目するようになります。

## いよいよ子犬を迎えに行こう！

迎える当日は、なるべく午前中に出向き、翌日も一緒にいられるような日を選びましょう。午後や夕方だと、明るい環境のもとで慣れさせることが不十分なうちに夜がきてしまい、子犬をいっそう心細くさせてしまうからです。また、車で迎えに行くときには、運転者以外の人が膝に毛布をかけ、その上に子犬を寝かせて、抱きながら車に乗るようにします。移動中に子犬が車酔いをして吐いたり、緊張のあまりオシッコをしてしまうこともあるので、新聞紙や古いタオルを持っていきましょう。移動時間が長い場合は、子犬のための飲み水も忘れずに。

## 子犬をかまいすぎるのは禁物

子犬が来てすぐは、どの家でも家族中で大歓迎。子犬が遊んだり、寝たり、食べたりと、どのしぐさもたまらなくかわいいため、つい頭をなでたり、抱きしめたくなってしまいます。でも、子犬は初めての見知らぬ環境と、代わる代わるの人間の登場で、かなり疲れていると思ってください。新しい環境に慣れるまでは、元来丈夫なフレブルでも、体調を崩しやすいので、行動はイヌ任せにして1週間ぐらいはかまいすぎに注意しましょう。

## 子どもの協力でよりよい環境づくりを

子犬を見ると、小さい子どもはたいてい興奮してはしゃぐもの。そこで、子どもにやさしく見守るよう言い聞かせておきましょう。子犬が家の環境に慣れて、早く落ち着けるように、子どもにも協力させることが必要です。連れてきたばかりの子犬を、子どもだけに渡すようなことは、絶対にしないようにしてください。

# 3
# 子犬時代の育て方

子犬のしつけは、
子犬がわが家にやってきたときからスタートします。
どんな立派なイヌに育つか、みなさんの育て方にかかっています。

# パピートレーニングは最初が肝心

## しつけはイヌが人間社会で幸せに暮らすための基本ルール。

### しつけとは？

子犬のトレーニングは生後40～50日だろうと、3ヵ月だろうと、家にやって来たときからスタートします。

子犬の3ヵ月ころというのは、精神面、肉体面両方の形成において非常に重要な時期となります。このときに体験したことが成長してから決定的な資質になる可能性がかなり高いのです。

もちろんリードによる通常のトレーニングは、骨格形成が不十分な子犬にはとても危険です。ここでいうトレーニングとは、リードで矯正する練習ではありません。飼い主と子犬がともに社会化していくために必要不可欠なトレーニングのことです。手厳しくすると、肉体的、心理的なダメージが大きく、ストレスになって反抗する態度が芽生えたりします。性格形成にも何らかの影響を及ぼしかねませんので、子犬に合った適切なトレーニング方法を心がけてください。

では次のページから、子犬時代に必要なしつけを紹介していきましょう。

### 基本的なしつけは生後5ヵ月までに！

子犬のうちから何でもしつけたほうがいいと考えている人が結構多いようですが、月齢（年齢）で理解できることとそうでないことがあるのは、人間の子どもと変わりません。

イヌの成長を人間の成長過程と照らし合わせて考えてみましょう。イヌの生後6ヵ月までは、1ヵ月間を人間の1年。イヌの生後6ヵ月から1年までは、1ヵ月を人間の2年とします。この計算でいくと、生後60日の子犬は人間に換算すると、2歳の幼児ということになります。けれど、フレブルはとても利口な犬種なので、小さいうちからしつけを入れることができます。できれば、生後5ヵ月くらいまでに「スワレ」「マテ」「コイ」などの基本的なトレーニングをマスターさせましょう。

## サークルでの飼育が最適

狭い場所に押し込めるようでかわいそうという理由から、サークル飼育を嫌い、放し飼いにする人もいますが、時間が経てば、子犬はサークルを安心できる住まいとして喜ぶようになります。

## サークルに慣れさせるには?

家族の姿が見える場所で、風通しがよく、子犬が出入りしやすいところを選んで、サークルを設置しておきましょう。そこに、子犬の興味を引くおもちゃと一緒に中へ入れて、しばらくの間様子を見ます。嫌がって鳴いたりしても、かわいそうに思って、すぐ出してはいけません。

次に、子犬をサークルから出して、抱いたり、遊んだりしてあげます。これを繰り返していくと、次第にサークルを自分の居場所として認識するようになっていきます。

## トイレ・トレーニングは子犬を迎えた日から

**1**

まず、サークルやケージ内の全面にトイレシーツを敷き、そのなかに、家に着いたばかりの子犬を入れます。連れてきて、すぐに部屋に放したのでは、どこでも構わず、排泄してしまうことになりますので、気をつけましょう。

**2**

オシッコをしたのを見届けたなら、すぐに片づけ、今度は半分のスペースに、ベッドを置き、残りのスペースをトイレ場にします。汚れたなら、こまめに片づけ、清潔にしてください。トイレスペースが汚れたままですと、子犬は排泄する場所がなくなり、ベッドのほうも汚すだけでなく、トイレがわからなくなっていきます。

**3**

サークル内は楽しい場所であるという印象をつけるために、食事はサークル内で与えるようにします。ほとんどの場合、子犬は食べ終わると排泄しますから、見届けてから室内に放して遊ばせましょう。また、子犬は寝て起きたときに、排泄をしますので、タイミングをはずさないように。

**4**

室内に放して遊ばせる時間は、あまり長くならないようにしましょう。次に、もよおしてこないうちに、サークルに戻すことが大切です。このような生活を1ヵ月くらい続け、次にサークルの一面をはずし、全部のスペースにトイレシーツを敷いて、トイレにします。こうすると、室内のどこにいても、もよおすと、トイレに行くようになってきます。

**5**

時には、失敗してじゅうたんの上などにオシッコをしてしまうこともあるかもしれません。けれど、叱るのは、あくまでも現行犯のみです。いつしたかもわからないような場合には、決してあとから叱ってはいけません。イヌを無視し、イヌに見られないように始末をします。臭いが残っていると、その場をトイレと勘違いして再び粗相をしてしまうので、完全に消臭するようにしましょう。

## 決まった時間にトイレに連れていく

成長するにしたがって、排泄の間隔が長くなるので、イヌの成長を敏感に感じ取りましょう。食事の後や寝る前、目覚めた直後など、排泄のタイミングをつかんで毎日決まった時間に、トイレへ連れていきます。庭があれば、その一角をトイレ場と決めて、外で排泄する習慣をつけてもいいでしょう。すぐに用を足さない場合でも、「オシッコ」と優しく言葉をかけながら、気長に待ちましょう。そして、きちんと排泄できたら、十分ほめてあげます。また、下を向いて臭いをクンクンと嗅いだり、その場をクルクルとまわりだしたら、トイレのサインなので、すぐに抱いて連れていってください。

天気の悪いときやイヌの具合が良くないときのことなどを考えて、子犬のときから、家でも外でも用を足せるように教えるのが便利です。

### 子犬がオシッコをするタイミング

### 食糞をこれで解決！

初めてこの光景を目にしたとき、ほとんどの飼い主が愕然とするでしょう。自分の愛犬が排泄した便を食べているという姿はまさに仰天行動です。

しかし、当のイヌにとっては、別にめずらしいことではありません。子犬はちょっとしたいたずらで、コロコロ転がるのでおもしろくなって遊んでいるうちに口にしてしまうとか、また、不足している栄養素を補うためとか、いろいろな説がありますが、食事が足りないから食べるということではありません。食糞の解決方法は、とにかく一刻も早く片づけることです。

# 子犬期にマスターしておきたいしつけ

## 子犬のうちに覚えておけば、あとあとも役立ちます。

### 最初のしつけは「イケナイ」

子犬が最初に覚えなければいけない言葉は、ほめ言葉と「イケナイ」です。スリッパや靴を噛んでいるなど、何か子犬が悪いことをしているときには、いろいろな言葉で子犬を叱るのではなく、「イケナイ」のひと言で済ませましょう。その行動の直前や直後に、タイミングよく叱ることが大切です。しばらく経ってから叱ったのでは、イヌはその意味を理解しません。訳もわからずに、注意されたイヌは、人を恐れ、神経質になってしまいます。「イケナイ」と叱ったあとには、噛んでもいいおもちゃなどを与えて気分転換をはかってあげましょう。まずは、基本的な5つのしつけから見ていきます。

### ヨーシ、ヨシ

イヌのしつけの上手下手は、ほめ方によって決まるといわれます。イヌが行動する直前か直後にタイミングよく与えるのが適切で、より強く印象づけることで効果があがります。ほめ方の基本は、表情をやわらげ、やさしく「ヨーシ、ヨシ」と名前を呼びながら愛撫をします。この方法を機会があるごとに与え、「ヨーシ、ヨシ」の言葉と愛撫によるやすらぎをイヌに覚えさせましょう。

### イケナイ

叱り方で一番重要なことは、そのタイミングです。感情に走らずに、冷静に与え、叱っていることを直ちにイヌが理解するように心がけましょう。イヌは善悪がわからないので、「イケナイ!」と叱られることによってその行為が悪いことだと判断します。大事なことは、何か悪いことをしたら、その瞬間にタイミングを逸さずに強く叱ることです。

## スワレ

このしつけは、食事時を利用して教えましょう。食器にフードを入れて、イヌの目線より高い位置に持ち「スワレ、スワレ」と言いながら、食器を少し上下させるように動かし、イヌの行動を誘います。イヌはフードが欲しくて食器に注目しているので、タイミングよくお尻を押して、スワレの姿勢をとらせます。座れたなら、食器からフードを1粒褒美として与え、3回くらい続けて行ったら、残りの食事を与えます。

## マテ

食事前の〝おあずけ〟として行うといいでしょう。左手に食器を持ち、右手でイヌの鼻先を「マテ」と制しながら、短い時間待たせておきます。次に「ヨシ」の許可を与えて、右の指先で食器を示し、誘導して食べさせます。この場合、「マテ」はやや強く、「ヨシ」はやさしさを込めていうのがコツです。マテができるようになると、いろいろな場面で行動を制止するときに使えるので完璧にマスターさせましょう。

### 噛まれていけない物は最初から置かない！

子犬は何にでも好奇心旺盛で、さらに乳歯の生え変わり時期でもあると、ところかまわず噛むことがあります。しかし、人間の家庭には、イヌが噛んだり、食べたりすると、危険なものがたくさんあります。子犬が生活している環境には、あらかじめ、部屋に物を置かず、注意して片づけておきましょう。そうすれば、子犬のいたずらを防げますし、いたずらをしてしまった子犬を叱ることもなくなるでしょう。

## コイ

子犬に教える「コイ」はトレーニングというよりも、人間に喜んで寄ってくるよう安心感や信頼感を覚えさせるのが目的です。子犬のうちは、のびのびと育てることが望ましいわけですので、厳しいトレーニングをするという感覚は持たないようにしましょう。子犬のときに、不信感を与えるようなことをしたら、人間に対して信頼感をもたないイヌに育ってしまうこともあるので、気をつけてください。

「コイ」を教える一番良い方法は、食べ物を利用することです。イヌに、ご褒美のおやつを見せながら、名前を呼び、「ヨシ、コイ」とやさしく声をかけて誘います。呼ばれてイヌが戻ってきたら、十分にほめておやつを与えましょう。

このしつけで注意しなければならないのは、子犬が何か悪いことをしたときに、名前を呼んで、手元に来させ、叱ることです。〝呼ばれれば叱られる〟と覚えてしまったイヌは、以降、いくら呼んでも戻ろうとはしなくなるからです。もし、叱る場合は、自分がイヌのほうへ行くようにしましょう。

おやつを見せながら「ヨシ、コイ」とやさしく呼ぶ

来たら、十分にほめ、おやつをあげる

### 訪問者に慣れさせる

子犬が慣れなければいけないことのひとつに、訪問者があります。すぐに、人に飛びかかるイヌがいれば、ためらってしまい自信のないイヌもいます。恥ずかしがったり、引いてしまっているイヌに対しては、叱ってはいけません。

このようなときには、子犬を無視してください。そうすれば、好奇心も手伝って、ひょっこりと訪問者を見に来るかもしれません。諭すように語りかけ、訪問者を見に来るように勇気づけてあげましょう。

## 体を触ってもいやがらない

生活していくうえで、体のどの部分を触っても、怒らないように育てること。これは、子犬にしつけをする以前に、大切なことです。普段の遊びのときに、しばらく抱いて楽しそうな雰囲気をつくりながら、子犬のうちに慣れさせてしまいましょう。抵抗する子犬もいますが、静かに接してあげましょう。場合によっては、厳しい目で「イケナイ！」と叱りながら、ゆっくりと仰向けの体勢をとらせるようにします。このしつけをしておくと、獣医師に診察してもらうときなど、大変助かります。口を開ける場合は、前臼歯の位置に指を入れ、もう一方の手で下あごをさげてみます。やさしく声をかけながらやってみましょう。叱りつけたり、強引にこじ開けたりしてはいけません。指を入れる位置が適切ですと、無理なく開けることができます。

体をなで、リラックスさせる

耳をさわる

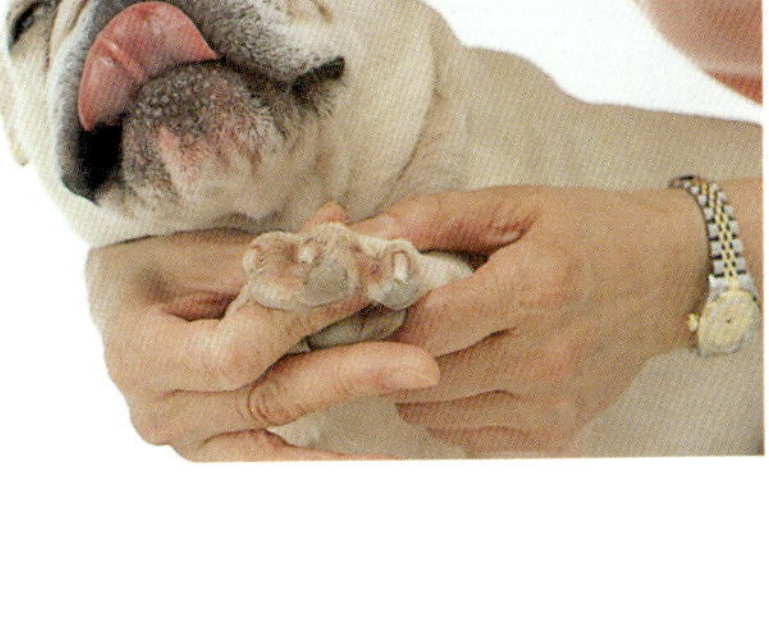

肉球をさわる

### 口の開け方

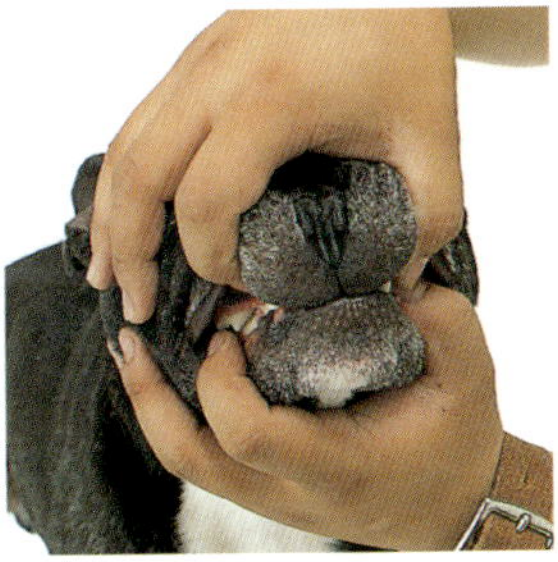

上顎を押さえたところ
正しい持ち方

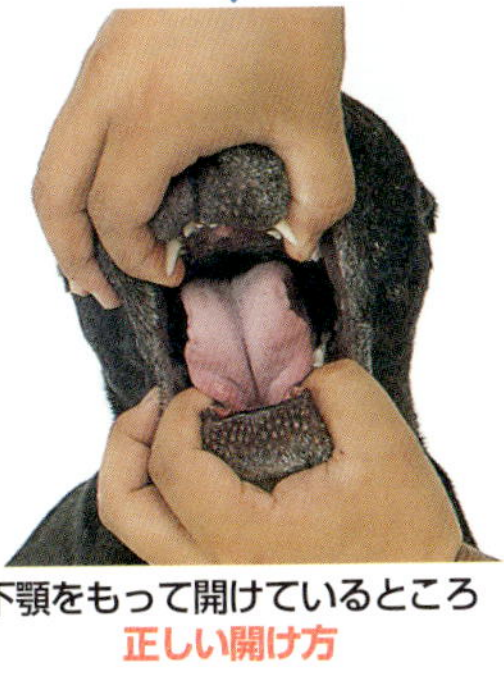

下顎をもって開けているところ
正しい開け方

## ハウス（ケージ）の教え方

1

ハウスをこわがったり、近づこうとしない場合は、ハウスのそばで遊んだり、食事を与えたりするなど、楽しいことをして、ハウスに慣れさせます。

2

奥におやつや好きなおもちゃを入れて、イヌが自分からハウスの中に入るように誘導します。もし、警戒しているようなら、最初は手前に置きましょう。

3

慣れてきたら、中に入る瞬間に、「ハウス」とコマンドを。入ったあとは、タイミングよく「ヨシ」とほめます。

4

ハウスの中にいると、良いことがあるという印象を与え、少しずつ中にいる時間を伸ばしていくようにしましょう。

## ケージトレーニング ～ハウスの教え方～

サークルのほかに、子犬が安心して過ごせる場所に、ケージがあります。ケージは、飼い主が留守にしているときや、お出掛けや旅行のときなど、電車や車に乗せるときにも大変役立ちます。その際、ケージに閉じこめるという印象をイヌに与えるのではなく、ケージがイヌにとって居心地のいい場所だと教えるようにしましょう。ケージの置き場所は、サークルと同様、家族が見える場所にして、イヌを安心させます。中にタオルを敷いたり、好きなおもちゃを入れたりして、快適に過ごせるようにしてあげましょう。

また、罰としてイヌをケージに閉じこめるようなことはしないでください。一度でもあると、ケージはイヌにとって嫌な場所になり、中に入りたがらなくなってしまいます。

# 子犬のしつけQ&A

**Q** 生後60日の子犬ですが、しつけはいつ頃からはじめたらいいのでしょう？　このぐらいの月齢だとあまり厳しくするのもかわいそうな気がしてしまうのですが…。

**A** いわゆる「訓練」と呼ばれるものはこの時期にはまだ早過ぎますが、パピートレーニングは必要です。“体のどこの部分を触られても大丈夫なように慣らす”“車の音に慣らす”“耳掃除をしても嫌がらない”など、慣れていなくては困るというものを教えること、つまり社会環境に慣らすことは必要です。

おおむね2～3回程度のワクチン接種後に外に連れ出すことが一般的ですが、それ以前も、室内に閉じ込めっぱなしで外部と遮蔽してしまうというのもよくありません。他人になでてもらったりと知らない人にも慣らすようにし、外の世界に興味をもたせるようにしていくことは大事でしょう。しつけうんぬんよりもまずはパピートレーニング、と考えたほうがいいかと思います。

**Q** 4ヵ月の子犬です。サークルに入れると出してほしいとずっとワンワンキャンキャン吠えています。あまりに鳴き続けるとついつい根負けして出してしまうのですが、それはやめたほうがいいでしょうか？

**A** こうなるのを予防する手だてとしては、ごく早いうちからサークルトレーニングをしておくことです。また、しばらく遊んだあとはサークルの中、というふうにルールを作り、守らせることも大切でしょう。しかし、すでに吠え癖が出ている場合は根負けせずに無視をすることです。Yes、Noをすでに理解しているイヌならばきちんと“イケナイ”ということを教えましょう。静かにしていられるようなら、その状態がいいことなんだよということを教える意味で十分にほめてあげてください。時には運動が足りずに鳴いていることもありますので、十分な運動量を与えることも大切です。

# 子犬の食事

## バランスのとれたフードをきちんと与えましょう。

### 最初は前の持ち主と同じものを与える

子犬が家にやって来てすぐの場合、フードは前の持ち主、つまりペットショップやブリーダーからそれまで食べていたドッグフードの種類と銘柄を聞き、それと同じものを用意しましょう。回数や分量も変えないように与えます。この期間はドッグフードと新鮮な水だけにして、他のものはなるべく与えないようにします。第1日目は、子犬がしっかり食べたことを確認してください。

### フードを切り替えるときは徐々に

子犬が新しい家にも十分に慣れて、そろそろドッグフードを変えてもいいなと思ったら、従来のものに新しいフードを少しずつ混ぜながら与えて慣らしていきます。1日ごとに新しいフードの量を増やし、ゆるい便や下痢、嘔吐などの問題がないかも確認しましょう。10日～2週間様子を見て、問題がなければ、完全に新しいものに切り替えても大丈夫です。

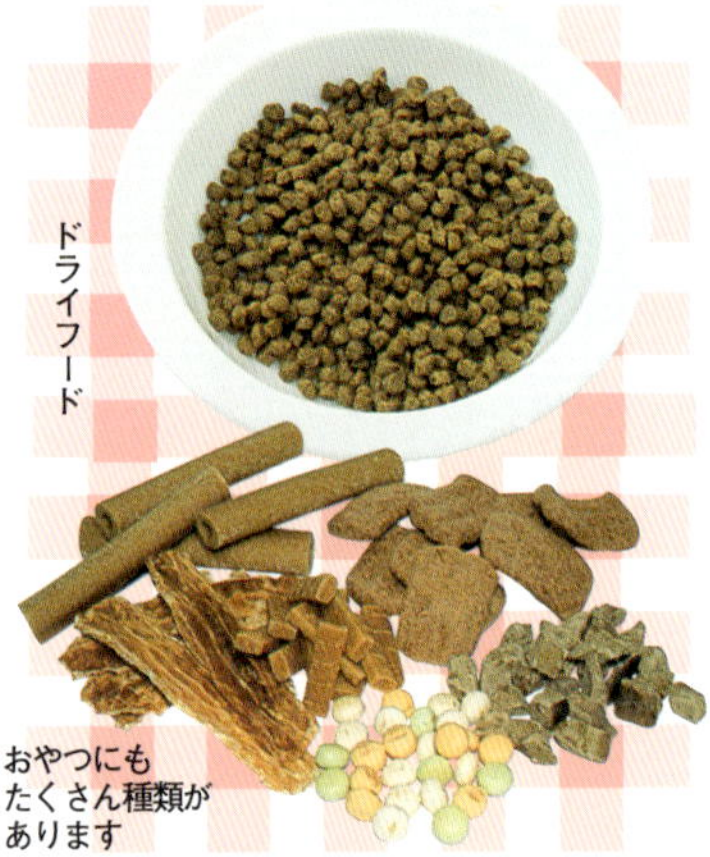

ドライフード

おやつにもたくさん種類があります

### フードの量は徐々に便の様子を見て調節

子犬を迎えて10日ほど経ったら、便の様子を見ながら、徐々に食事の分量を加減していきます。便の硬さは、ちょうどティッシュペーパーでつまめるくらいが理想的。それよりコロコロしていたら、食事の量が少なめなので、ちょっとずつ増やしていきます。逆に、やわらかい場合は、量が多めなので、減らしていきましょう。もし、判断に困ったときは、獣医師に相談してください。

### 栄養価、カロリーともに水準の高い食事を

生後4～5ヵ月までは、消化吸収しやすいように、食事の回数を1日3～4回にわけます。子犬用のドラ

イフードを人肌に温めたイヌ用ミルクかぬるま湯でふやかし、やわらかくして与えましょう。ただし、乳歯から永久歯に変わる時期には、固いものを食べさせて歯の生え変わりを促すことも必要になるので、1日に1度は固いままのフードを与えてもよいでしょう。子犬期の食事は、栄養価が高く、カロリーは成犬の2倍を必要としますが、量を多く与えるのはよくありません。その後、成長に応じて、栄養レベルをやや低い水準に切り替え、徐々に量を増やして胃腸の発達を促していきます。

フードに牛や鶏といった肉類を混ぜる場合は、栄養バランスが偏らないように、その量を食事全体の2割程度におさえ、必要ならカルシウムやビタミン類などの栄養補助食品を加えてもいいでしょう。

また、食事同様に大切なものが水です。ほかの栄養素に比べても、水不足のほうがおそろしいのです。水は血液「輸送」、毒性老廃物の排泄「尿」、熱の発散「蒸発」、生命維持に必要な化学反応の促進「消化、体細胞内」など、正常に機能するためには欠かせません。水は常に新鮮なものを、いつでも飲めるように、たっぷりと用意してあげてください。

## ある程度大きくなったら食事を1日2回に

乳歯から永久歯に生え変わるのは、だいたい生後4〜6ヵ月のころですが、永久歯に変わったら、食事の回数を1日2回にしてみましょう。1回の量を少しずつ増やし、食事と食事の間に軽くおやつを与えながら、慣らしていくといいでしょう。分量の判断が難しいときには、獣医師に相談してみましょう。この時期は、歯がむずかゆかったり、知恵もついてきてストレスもたまるので、飼育にはとくに気をつかってください。

### 与えてはいけない食品をチェック！

イヌは人間と違って腸が短く、よく噛んでから飲み込むことをあまりしないので、繊維質の強いものや消化に悪いもの、たとえば、エビ、カニ、タコ、イカ、貝類などは昔から与えないほうがよいといわれています。香辛料などの刺激物もダメ！　また、鶏や鯛の骨は噛むととがってくだけるために、食道や胃腸を傷つける恐れがあります。きちんと除いてから、食べさせましょう。タマネギやチョコレートもイヌには有毒です。

# 楽しい遊びと散歩

## いよいよ待ちに待ったお散歩デビューです。

### まずはリードに慣れる練習を

予防接種をして2週間くらい経つと、そろそろ散歩をしてもいいころになります。ところが、急にリードをつけても、子犬は動きません。そのときのために、前もってリードに慣れさせておく必要があります。まずは、首にリボンをつけて、首にものがついている状態に違和感を覚えないようにさせます。時期をみて、リードをつけて、少しずつ引いてみましょう。イヌと視線を合わせるようにかがみ込んで、やさしく「オイデ」と声をかけ、名前を呼びながら、行います。決して強引にリードで引きずるようなことはしないでください。

### 初めての散歩はイヌまかせに

ある程度リードに慣れてきたら、外に出てみましょう。歩きはじめる前にリードの長さを決めてください。肩の力を抜いて手を下げ、その状態でイヌをコントロールできる程度の長さに調節します。調節したら、少し腰をかがめ、イヌの名前を呼びながら、おだてるように歩いていきましょう。

### 散歩は大切な社会勉強

子犬の散歩は初めて世間を知る行為。とても重要な社会勉強になります。アスファルトの道や芝生の公園、車や人込み、ほかの動物たちなど、子犬を取り巻く環境のすべて、成犬になってから出会うと思われる事柄の多くを体験させてあげましょう。

時には怖がってしり込みすることもあると思いますが、そんなときには静かで落ち着ける場所まで抱いて連れていきます。

無理やり引きずるようなことは決してしないでください。まずは外の空気に触れて、歩く喜びを知ってもらうことが目的なので、初めからまっすぐに歩かせようなどとは考えずに、子犬を喜ばせるように気分を高めながら、イヌの行きたい方向に歩かせてあげましょう。

## 臭いをかぐ行為はやめさせる

外の空気や環境に慣れてきたら、なるべく道路や電柱の臭いをかがせないように歩きましょう。とくに電柱などは、ほかのイヌがオシッコを引っかけてテリトリーを主張するマーキングをしている可能性があるので、不衛生だけでなく、伝染病を移される可能性もあります。イヌの習性としては、臭いをかぎながら歩くものですが、叱ってでも近寄らせないようにしましょう。リードは左手に短く持ち、イヌが横に引こうとしたら、反対方向（真横）にクィッと強く引きます。それを繰り返していると、半径1メートル以内は自由がきかないことを子犬が認識するようになり、自然とまっすぐに歩くようになるのです。また、草むらなどに入れることも、ノミやダニのつく原因になるのでやめさせましょう。

### 歩く喜びを教えてあげよう

**子犬の散歩は1日1回15分くらいが目安です。成犬になると、1日2回30分ほどがベストですが、子犬期では、運動するというよりも、歩く喜びを教えてあげるといった感覚で、一緒に散歩を楽しみましょう。**

# 日頃のお手入れ

## 幼いころから手入れに慣れさせておくととても便利です。

### おとなしく手入れをさせるイヌにする

被毛の手入れは、生後6～7週間ころからはじめます。子犬のうちは被毛も短いので、それほど難しい手入れを行う必要はありませんが、最低限、その日の汚れはその日のうちに落とすように心がけましょう。散歩から帰ったら、まずはあたたかくしたタオルでマッサージをするように体を拭き、次にブラシで全体を整えていきます。耳、尾、四肢の順でブラッシングしていきますが、最初子犬は遊んでもらっているかと思い、ブラシにじゃれついてきたりします。子犬をおとなしくさせるためには、まず膝の上に寝そべらせて「ヨーシ、ヨシ」と声をかけ名前を呼びながら静かにリラックスさせます。これを繰り返すことで、子犬はおとなしくすることを覚え、手入れの時間を楽しみに待つようになります。

### 強引なやり方の手入れはダメ

手入れの時間としては、まず短い時間からはじめ、嫌がるそぶりを見せたら、無理せずやめるようにしましょう。1日ごとに少しずつ時間を延ばしていきます。ブラッシングはていねいに優しく行うことがポイントです。強くしたり、イヤがる場所を無理矢理やって、痛い思いをさせると、それに懲りて、以降手入

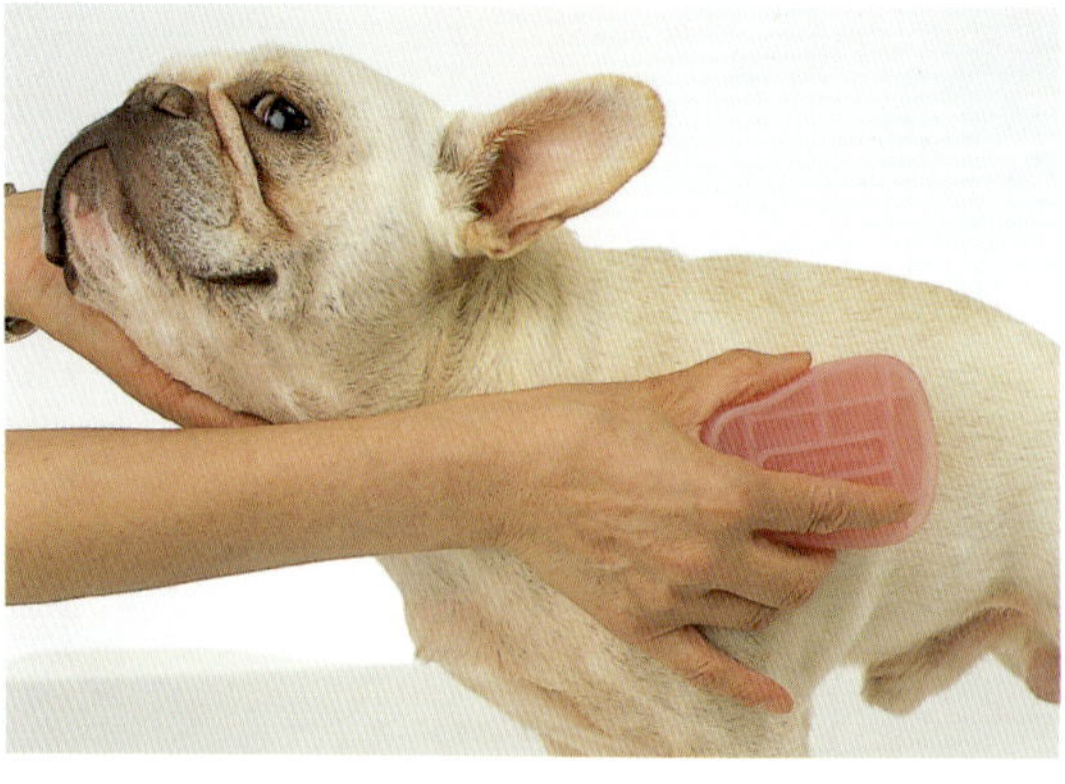

れを嫌がるようになってしまいます。

そういった場合には、怖がらなくても大丈夫だよ、という気持ちで「ヨーシ、ヨシ」などの、声をかけます。

いずれにしても、嫌がる子犬に、強引に手入れをすることだけは避けましょう。

## 怖がらせずにシャンプーをするコツ

子犬をシャンプーするときには、シャワーやドライヤーの音などでこわがらせないためにも、なるべく静かにやさしく行いましょう。シャワーで被毛をぬらす場合、はじめは頭から離れた部分（お尻など）に慣れるまでやさしくかけ、それから全身にかけていきます。顔や耳に直接シャワーがあたらないように注意し、お湯の温度もぬるま湯程度を一定に保つようにします。

シャンプーは手際よく、短時間で済ませます。フレブルの子犬の皮膚はとてもデリケートなので、高品質のマイルドな子犬用シャンプーを使ってください。ドライヤーをかけるときも、いきなり子犬に向けず、少し離してドライヤーをかけ、音に慣らしていきます。

少し経ったら、後ろ足から温風をかけて、徐々にボディ、頭へと移動させましょう。皮膚や被毛が完全に乾くまで、しっかりとドライヤーをかけてください。最後にブラシで仕上げます。爪の伸びは早く、すぐに鋭くなってしまうので、定期的に爪の先を落としてあげましょう。

### 子犬の被毛が生え変わる時期

生後4～8ヵ月にかけて被毛がどんどん抜けていき、不安になってしまう人がいます。この様子を見て、なるべく毛が抜けないようにと手入れをやめてしまう飼い主もいるようですが、これは逆効果です。定期的なブラッシングをして、毛の生え変わりを促してあげてください。

そうすれば、その後新しい被毛が生えて、健康的な皮膚の犬に成長します。

## フレブルの耳は、口ほどに物を言う

# イアーランゲージ講座

フレンチ・ブルドッグの耳は『バットイアー』と呼ばれる、特徴のある大きな耳です。そしてこの耳は、さまざまな感情表現をしています。『耳で語る犬』といわれるほどのその耳の言葉を探ってみましょう。

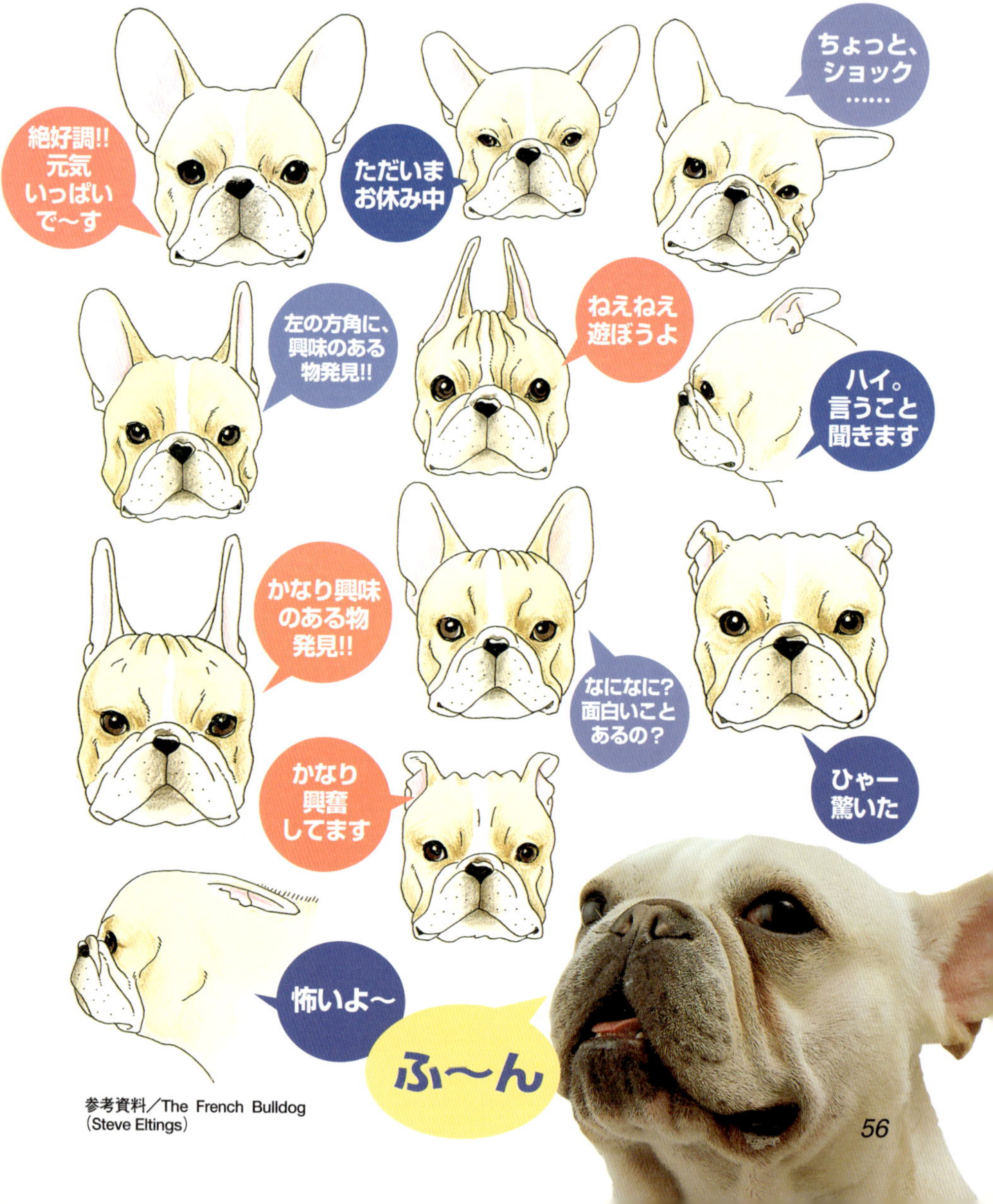

絶好調!! 元気いっぱいで〜す
ただいまお休み中
ちょっと、ショック……
左の方角に、興味のある物発見!!
ねえねえ遊ぼうよ
ハイ。言うこと聞きます
かなり興味のある物発見!!
なになに? 面白いことあるの?
ひゃー驚いた
かなり興奮してます
怖いよ〜
ふ〜ん

参考資料／The French Bulldog
（Steve Eltings）

# 4
# 成犬時代の育て方

子犬の頃に比べ、だいぶ落ち着いてくるのが成犬時代です。
一方で、しつけの問題など困ったことも増えてきます。
この章では愛犬とより幸せに暮らすノウハウを紹介します。

# 成犬になったら、どんな食事？

## 成犬になったら、食事の回数は1日1回か2回が理想です。

### 成犬用フードに切り替える

生後10ヵ月頃になったら、成犬用のドッグフードに切り替えます。その場合は、突然変えると、下痢や嘔吐、消化不良を起こすこともあるので、はじめは子犬用フードに成犬用のフードを混ぜて与えるようにし、徐々に変えていきます。

食事の回数は1日2回のイヌもいれば、1回のイヌもいますが、生後1年ぐらいまでは、朝夕2回が平均的な回数です。

### 便利なドッグフードを上手に利用

現在、イヌを飼っているほとんどの家庭で利用されていると思われるドッグフード。イヌが喜ぶように、見た目や味にさまざまな工夫が凝らされている、バランスの取れた総合栄養食です。

一般的にドッグフードは、水分が含まれている量によって、ドライタイプ、モイストタイプ、ウェットタイプの3タイプに分けられます。中間のセミ・ウェットも人気です。

#### ドライタイプ

水分は10％程度で、栄養バランスが取れ、保存がききます。値段も手ごろ。固さも噛むとカリカリするほどなので、歯や顎を強くするのにも役立ち、歯石予防に効果があります。

#### モイストタイプ

肉やチーズ、レバー、卵などを混ぜ合わせた半生タイプで、水分は20～30％。形はサイコロ状、棒状などさまざま。栄養的にはドライと同じくらい優れていますが、やや値段が高く、保存性も劣ります。

#### ウェットタイプ

肉や魚をペースト状にした缶詰めで、水分が60～78％。嗜好性は3タイプのうち、最も高いのですが、保存が効かないところが難点です。もしものことを考えて、ドライも食べられるようにしておきましょう。

## ドライフードを主にした食事が理想

愛犬に手作りの食事を与えたい場合、一番注意したいのが栄養バランスです。現在、市販されている高品質のドッグフードは、その点で優れているため、ドライをそのまま与え、もしくはビタミンとカルシウムの粉末を混ぜる程度が理想的です。時には、牛、鶏、臓物、チーズなどをフードに混ぜてあげるのも1つの方法です。缶詰めの肉を混ぜてあげてもいいでしょう。肉類などを混ぜるときには、フードの栄養バランスを崩さないためにも、その量を食事全体の2割程度におさえることが大切です。

## 一定の時間を決めて食事を片づける

基本的には、食事は決まったときに与え、30分ほど出しておいたら、あとは片づけてしまいます。時間内に食べ終わらなくても、次の食事までは与える必要はありません。残しているからといって、別の食べ物を与えたりすると、イヌは食べ残すことによっておいしいものがもらえると、期待するようになります。そして、2～3度同じメニューが続くと、飽きてしまって食べなくなることにもなりかねません。また、いつでも食べ物を置いたままにしておくと、好きな時間に食べたり、遊びながら食べたりする悪習慣をつけさせてしまうので、その意味でも、一定の時間が過ぎたら、片づけるようにしましょう。

## 傷んだ食事によるトラブルに注意

とくに暑い季節に発生しやすいトラブルは、時間が経って傷んでいるドッグフードを食べさせてしまったことによる食中毒や下痢です。季節を問わず、食事は調理したものをすぐに食べさせて、短時間に食べきってしまうようにします。残ったものはもったいないと思わずに、割り切って捨てたほうがいいでしょう。

# 要注意!! 肥満は健康の敵

## おやつをあげすぎると、アッという間におでぶにっ！

### 素朴な疑問。なぜ、おでぶになるの？

　答えはひとつ、消費するエネルギーより摂取するエネルギーの方が多いからです……などという当たり前の答えをもらっても、飼い主のみなさんには納得できないことでしょう。しかしこれは間違いのない事実なのです。

　フレブルの場合、他の小型犬種にくらべて肥満傾向にあります。原因の第1は、血統的に太りやすいということが挙げられます。犬種の中には太りやすい犬種とそうでない犬種があります。この違いは明らかで、どんなに食べてもスレンダーな犬種もいます。人間でいう『体質』と同じで、どうがんばっても太ってしまう体質なのです。とはいっても、痩せているフレブルもいるわけで、何をしても痩せられないというわけではありません。

　一般的にイヌは『おやつが大好き』という特徴が挙げられます。これも代々脈々と引き継がれているイヌたちの体質で、どんな犬種でも、人間用のおやつはもちろんのこと、イヌ用のおやつも大好きです。元来、おやつは嗜好性が高く作られていますので、一般的に栄養価も高いのです。フードの食べ方が悪いからといって、おやつばかりをあげていると、同じ分量を与えたとしても、どんどんと太ってしまうわけです。おやつの分量はフード以上に考えてあげなければなりません。

　もうひとつ、重大な問題があります。飼い主が愛犬の肥満に気がついていないということです。一般的には適正体重の15～20％を超えると肥満といわれますが、この『適正体重』がクセモノで、一体、フレブルの適正体重は何キロか、という疑問にぶつかります。

　適正体重は体の大きさと関係しますので、一概に○○キロ、という数字を出すことができません。いちばんよく分かるのが『見た目』です。左のページのBCSの表と見比べながら、ウチの子は適正か否かを客観的に判断してみてください。

## ダイエットに近道なし

肥満がさまざまな病気の原因となることは、周知の事実です。BCSの表を見てみて、ウチの子がおでぶと感じたら、すぐにダイエットをすることをおすすめしますが、愛犬の食べ物を欲しがる姿を見ていると、決心がにぶりがちになってしまうものです。もちろん、心を鬼にして取り組まなくてはいけないのですが、ただ闇雲に食事の量を減らすのではなく、カロリー計算をして、適切な分量を与えながら、運動も合わせてやるようにして、体重を減らしていきましょう。いくらおでぶさんだからといっても、急激なダイエットは健康を害してしまいます。もっともベストな方法は獣医師と相談をしながら、段階を追ってダイエットをすることです。

### ボディコンディションスコア（BCS）の基準

| | | | |
|---|---|---|---|
| BCS 1 削痩 |  | 理想体重85％以下　体脂肪５％以下 | |
| | | 肋骨 | 脂肪に覆われず容易に触知できる |
| | | 腰部 | 皮下脂肪がなく骨格構造が浮き出ている |
| | | 腹部 | 腹部ひだ（abdominal tuck）は深くなり強調された砂時計型を呈する |
| BCS 2 体重不足 |  | 理想体重86-94％　体脂肪6-14％ | |
| | | 肋骨 | ごく薄い脂肪に覆われ容易に触知できる |
| | | 腰部 | 皮下脂肪はわずかで骨格構造が浮き出ている |
| | | 腹部 | 腹部ひだ（abdominal tuck）は深くなり強調された砂時計型を呈する |
| BCS 3 理想体重 |  | 理想体重95-106％　体脂肪15-24％ | |
| | | 肋骨 | わずかに脂肪に覆われ触知できる |
| | | 腰部 | なだらかな輪郭またはやや厚みのある外見で、薄い皮下脂肪の下に骨格構造が触知できる |
| | | 腹部 | 腹部ひだがあり適度な腰のくびれがある |
| BCS 4 体重過剰 |  | 理想体重107-122％　体脂肪25-34％ | |
| | | 肋骨 | 中程度の脂肪に覆われ触知が困難 |
| | | 腰部 | なだらかな輪郭またはやや厚みのある外見で、骨格構造はかろうじて触知できる |
| | | 腹部 | 腹部ひだや腰のくびれはほとんどあるいは全くなく、背面はわずかに横に広がった状態 |
| BCS 5 肥満 |  | 理想体重123％以上　体脂肪35％以上 | |
| | | 肋骨 | 厚い脂肪に覆われ触知が非常に困難 |
| | | 腰部 | 厚みのある外見で骨格構造は触知困難 |
| | | 腹部 | 腹部が張り出して下垂し、腰のくびれはなく背面は顕著に広がった状態／脊柱周囲が盛り上がると溝を形成することがある |

資料提供：日本ヒルズ・コルゲート（株）　※デザイン改変（編集部）

# 問題を解決するしつけ

問題になっているわがままなフレブル。どうすればいいのでしょうか。

Trouble 1

## 子犬のときにあまり外を歩かせなかったので恐がってしまう…

社会化期に、外の環境や人、他の犬など、生活環境に慣れさせておく必要がある。ほとんど家の中にいるため、外を歩くのを嫌がる子、または初めて外を歩く場合や、苦手なものがある場合の慣れさせ方です。

苦手なもの、例えば砂利道など、感触が似ているものとして人工芝を置き、感触に慣れさせます。さらに、ごほうびのおやつで誘導していきます。

人工芝の上に乗ったらおやつをきちんと与えること。慣れるまで繰り返しましょう。

もう一つの方法として、人工芝までおやつを点々と置いておくというのも手。

# Trouble 2 散歩のときグイグイ引っ張る

グイグイ引っ張られての散歩だと飼い主も大変だし、恥ずかしい…。また、犬が勝手に散歩の方向を決めてしまうというのは、拾い食いや飛び出しなどの事故にもつながるので、要注意。

1 グイグイ引っ張られての散歩はヘトヘトになってしまう。

**POINT**

グイグイ引っ張っても好きなほうには行けない、と犬に認識させる。

2 犬に引っ張られたら、飼い主は一歩も動いちゃダメ。

3 自分（飼い主）のほうへ戻ってきたら「いいコ」とほめ、トリーツを与える

**POINT**

飼い主の脇を歩調を合わせて歩けばほめられ、トリーツがもらえると認識させる。

4 トリーツで誘導しながら、引っ張った方向とは反対に歩き出す。

散歩に行く前に家の中で遊んで、エネルギー発散を！また飼い主のそばを歩くとほめられることも教えます。

**犬の心理**

- いろんなものに興味があり、臭いを嗅ぎ回りたいんだワン
- お家から出られたからとってもうれしいの
- 自分の意志で思いっきり自由に走り回りたいんだワン

Trouble 3

# 他の犬を怖がります

好奇心旺盛なフレブルですが、なかにはシャイだったり、他の犬に対して臆病になるコがいます。まずは犬のぬいぐるみを使って徐々に恐怖心を取り除いてあげましょう。

①

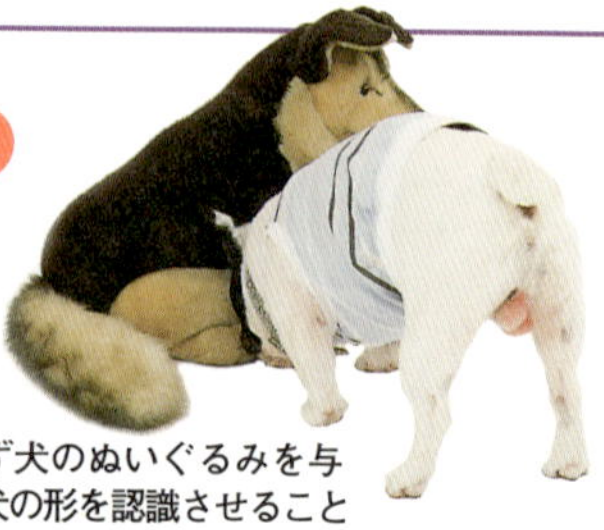

まず犬のぬいぐるみを与え犬の形を認識させることからはじめます（このときぬいぐるみに愛犬の好きな臭いをつけておくとよい）。

②

他の犬が近づいてきた際、愛犬が吠えるからといって、抱っこしてしまうのはよくありません。この場合オヤツなどで愛犬の気を引きつつ、その場を静かに通り過ぎてください。

③

愛犬が慣れてきたら、あらかじめ友人などに協力してもらい、落ち着きのあるイヌと接触させます。このとき、お互いのリードは短めにしておきます。

④

飼い主同士が親しいからといって、無理やり犬同士を正面から近づけてはいけません。

⑤

もしものときの事故を心配するあまり、極端に他の犬から遠ざけてしまうと、より臆病になってしまうので、過保護は厳禁！　また、愛犬が怖がっているからといって、声をかけてしまうのも、よくありません。

**POINT**

愛犬が臆病な原因は、飼い主のせいでもあります。メリハリのある接し方を心がけてください。

# Trouble 4

# とにかく落ち着きがなくてよく動くんです

いわゆる〝多動症〟のフレブルが結構います。飼い主のいうことなんかどこ吹く風で、とにかく何かにとりつかれたようにあっちこっち動き回る。これでは犬連れOKのカフェなんて行けない…。愛犬のペースに流されることなく、飼い主であるあなたがきちんとリーダーシップをとれるように心がけましょう。

落ち着きのないコはマイペースでもあります。まずは家の中でトレーニング開始！　相手の誘いには絶対に乗らないこと。リードは安全範囲に短めに持ち、右手にはおやつを隠しておきます。

とにかく相手が自分のペースに持っていこうとしても飼い主は無視していましょう。

あまりにも無視するので相手が様子をうかがってきてもまだ無視しているのがポイント。

イヌが自発的に座ったら、すかさずほめてごほうびをあげましょう。

カフェやレストランなどでは、フセて待つことも大切。おやつでフセに誘導。自発的にフセたらごほうびを。

フセて待つことができたら成功！　どんどん待つ時間を長くしていくこと。

Trouble 5

# じゃれながら噛んできます

手や洋服などにじゃれついて噛まれるのは困りものです。犬は遊んでいるつもりでも、人間は手や服がボロボロなんてことも。できるだけ早めに直しておきたいものです。

1

お散歩の最中に、じゃれて噛んできたら、まず犬が放す瞬間を待ちます。このとき、“ダメ”や“イタイ”などと大騒ぎすると余計に興奮してしまいますので、決して大騒ぎしないことが大切です。

2

リードを片足で踏み、コントロールします。同時に目線を外してイヌを無視します。

3

おとなしくなったら、興奮しない程度にほめます。

4

オヤツなどで誘導しながら歩き出します。じゃれついてきたらもう一度最初からやり直します。

**POINT**

犬がじゃれつきたくなるようなレースのついた服をなるべく避けます。じゃれついて噛みそうなものには、なめると苦いスプレーなどを前もって散布しておきましょう。

※じゃれ噛みしそうなもの（例えば、袖口、散歩のリード）には、前もって苦いスプレーなどを散布しておくとよい

Trouble 6

# 他の動物を追いかけてしまいます

散歩中に突然目の前のネコを追いかけてしまう、ドッグランで他の犬をしつこく追いかけてしまうなど、飼い主にとって深刻な問題です。リードとオモチャを使って、きちんとトレーニングしましょう。

1 まず、犬の１番好きなオモチャを用意してください。そしてそのオモチャで思いっきり遊ばせます。

2 いっぱい遊んだら静かな場所に移動し、リード（なるべく長いもの）をつけてオモチャを犬の前に向かって投げます。このときもう一つのオモチャを自分の手元に置いておきます。

3 犬が投げたオモチャに到着する前に名前を呼び、自分の元に戻るように促します。このとき、名前を呼びながら、自分の手元にあるオモチャをイヌにちらつかせて呼んで下さい。、犬が戻ってきたら、思いっきりほめてあげます。

**POINT**

犬が楽しめる方法を使い、追跡本能をコントロールできるようにしましょう。

4 投げたオモチャを拾いにいきます。このとき犬はリードで後方に置いときます。飼い主が拾うことによって、そのオモチャが飼い主の物だったのだと学びます。これを徐々にイヌの気が散る環境に移して、２〜４回続けます。これを繰り返すことによって、イヌの追跡本能をコントロールするすこが可能になります。

Trouble

7

# なにかとイヤなことがあるとうなってきます

まず、なぜうなるようになったのか、また、うなるようにさせてしまったのかを考えてみましょう。ここでは日常の生活なかでよくあるシーンを紹介し、解決していきます。

## その1 ソファからどかそうとするとうなる

1 まずごほうびを使い、乗ることを教えます。

2 「乗って」などと言いながら、ごほうびのおやつでソファに誘導します。はじめは誘導する手にフードを握っておきましょう。

3 乗ったらごほうびを与えます。2・3を繰り返したら、今まで誘導していた手におもちゃを持たないで、指示をし、できたら逆の手からおもちゃを与えます。

4 今度はソファから降りることを教えます。その際おもちゃで誘導していきましょう。

5 降りたらごほうびを与えます。

**POINT**

ソファや寝室のベッドの場合、「乗せる」ことが問題なのではなく、「降りる」ことを教えていないのが問題です。どんな状況であれ、きちんと指示が守れるように教えておくことが大切です。

2 今度は逆に「乗ること」を教えます。

3 できたら指示とは反対の手でごほうびのおやつを与えます。

4 最終的にはおやつを身に付けず、部屋のあちこちに置いておきます。そして指示通りにできたら、おやつを犬と一緒に取りにいくと良いでしょう。ただし、おやつの置き場所は常時変えておきます。

## その2 クッションからどかそうとするとうなる

1 ソファのときと同様に、誘導で「どくこと」を教えます。はじめに指示する手の中におやつを握り誘導しますが、できるようになってきたら、その手を指示として使います。そのときはフードを握らないこと。

## ほかにもある犬がうなる原因

### 1 グルーミングを嫌がり、うなる

子犬の頃からグルーミングが気持ちの良いことだと教えておきましょう。特にフレブルは爪きりで嫌がる場合が多いので、無理にやろうとはせず、徐々に慣らしてあげることが大切です。

### 2 人が触ろうとするとうなる

この場合はいろんな要因が考えられます。突然うなるようになった場合は、体のどこかが痛いことが多いので、早めに動物病院で診てもらいましょう。

### 3 何か持っているものを取り上げようとするとうなる

大事なものを取られたくなくてうなってしまうのは自然の本能ですが、あまり執着がひどいのは困りものです。そうならないためにも、トレーニングによって指示を守れるようにしておきたいものです。

# フレンチ・ブルドッグとボストン・テリアの上手な見分け方

黒と白のパイドのフレブルと、ボストン・テリア。この2頭が目の前にいたら、なかなか見分けがつかなかったりもしますが、フレブルのファンシャーたるものきっちりと見分けるウンチクぐらいは知っておきたいものです。スタンダードで見ると、ボストン・テリアの方が約10センチほど高いせいか、まず、足が長い印象を受けます。とはいうものの小さいボストン・テリアと大きいフレブルだとしたら、この方法はあまり役に立ちません。決定的に違うのは毛色なのですが、これも黒×白という色合いをしていたら、ほとんど区別はつきません。「抱いてみたら意外と重いのが、フレンチ・ブルドッグ!!」というのがもっとも多い解答でしたが、これも両犬種を抱いたことのある人だけに限られた識別法です。次に多かった解答が「顔が何となく長いのがボストン・テリアで、何となく丸いのがフレブル」というもの。これもなかなか微妙な答え。やはりもっとも確実な識別方法は足の長さといえるようです。

フレンチ・ブルドッグの赤ちゃん

ボストン・テリアの赤ちゃん

# 5
# 日常のグルーミング

短毛犬種のフレブルでも、
健康的な生活を送るためには手入れが大切です。
日常のお手入れ方法を紹介しましょう。

# 快適に暮らすための、日常のお手入れ

## 健康な毎日を送るためには、清潔なボディが大切。

### 毎日やることと、定期的にやること

『短毛犬種は手入れが簡単』という言葉をよく耳にします。確かに長毛犬種のように、ブラッシングをしないと毛がもつれて毛玉になってしまうことも、定期的にカットをする必要もありませんが、シャンプーや耳の掃除、歯の手入れ、爪の手入れなど、ボディ全体のお手入れは、どんな犬種でも同じように行わなければいけません。つまり短毛犬種だから、手入れが簡単などということはないのです。

　とくにフレブルのようなボディにシワのある犬種では、むしろ長毛犬種よりも皮膚に対する配慮が必要になってきます。また、最近はアレルギーや感染症などが原因による皮膚病を患う犬も多く見受けられるようになってきていますので、自分の犬に対して、日常のチェックは怠らずにやらなければなりません。このチェックのためにも日常のお手入れは重要なのです。

　ここでは飼い主にできるお手入れの方法を紹介しています。ただしフレブルは頑固な側面も持っていますので、爪切りなどをかたくなにイヤがる犬も多くいます。そんな場合には、「イヤがるからやらない」ではなく、プロの美容師にまかせるのも、ひとつの方法です。たとえば、自分でできることは、毎日の日課として行い、定期的に美容室でキレイにしてもらう、といった方法もおすすめです。

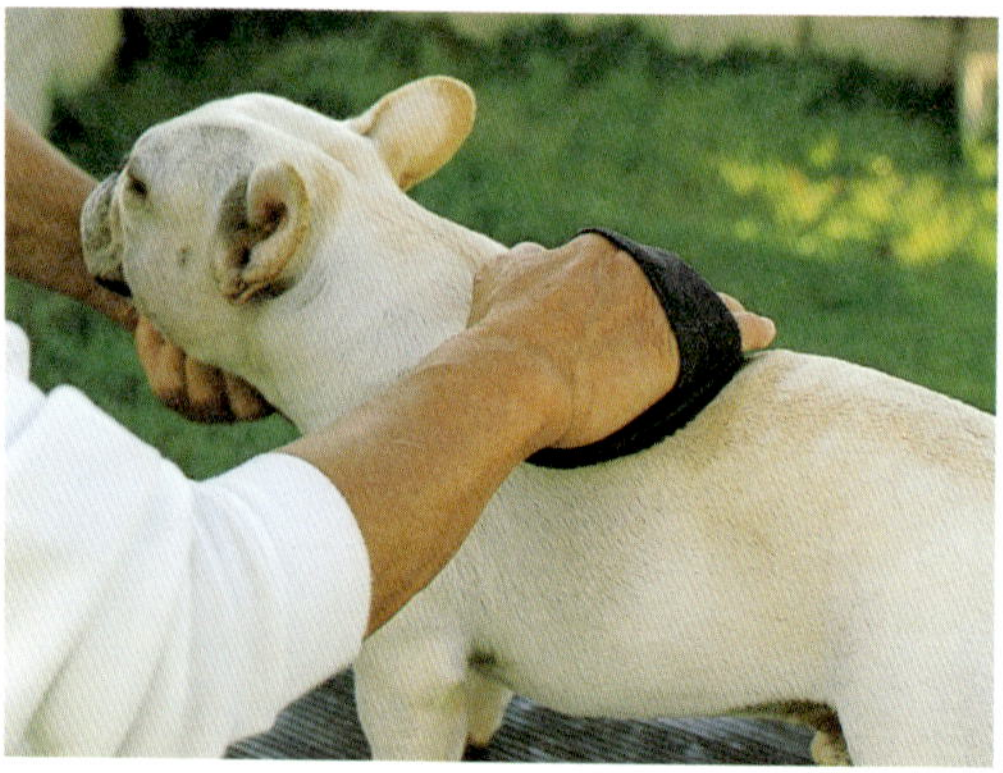

短毛犬種でもブラッシングは重要です。定期的にブラッシングをすることによって、皮膚に付着している汚れを除去することができますし、血行を促します。また、抜け毛を早めに除去する効果もあります。抜け毛の除去に効果が高いのは、ラバーブラシです。1週間に1回のペースでブラッシングをするようにしましょう。

## シャンプーは定期的に

　これまでは、汚れたときにシャンプーをする、というのが、短毛犬種では一般的な考え方でした。しかし生活様式の変化とともに、室内で人間と一緒に暮らす犬たちは、清潔な体を維持するために定期的にシャンプーをすることが大切になってきています。

　そのためには、まず、犬にシャンプー好きになってもらわなければなりません。水やお湯をイヤがる犬では、シャワーを尻の方からあてるようにして、犬に与える水の恐怖感を少なくしてあげます。そして徐々に顔の方に近づけるようにしていきます。顔部では、目や鼻に水が入らないように注意してください。

　とくにしっかりとやらなければならないのは、すすぎです。シャンプー剤やリンスなどが被毛に残っていると皮膚病の原因になりますので、念には念を入れて洗い流すようにしましょう。

犬がイヤがらないようにシャワーをかけ、シャンプーをします

## ドライングは重要なお手入れ

　皮膚病の原因の多くは、毛の生乾きによるものです。1回ブルブルとすれば、ほとんどの水分が飛び散ってしまうと考えがちですが、シャンプーのように毛の根元まで濡らしている場合には、ブルブルだけでは乾きません。ドライヤーを使って、しっかりと乾燥することが大切です。

### 上手なシャンプーの選び方

　飼い主の間で話題になっているのが、『フレブルには、どんなシャンプーが向いているか』といことです。というのも、シャンプー剤が原因と思われている皮膚病が多く見受けられるようになっているからです。しかしこれには、シャンプー剤の種類以前に、正しいシャンプーをしているか、という問題があります。よくすすげていない、毛をきちんと乾かしていない、などのシャンプーの方法の間違いが原因による場合も多いのです。

　もちろんシャンプー剤の成分がその犬に合っていない、というケースも考えられます。

　シャンプーによって、皮膚に何らかの異常が表れた場合には、まず、獣医師に相談をすることが大切です。皮膚病の原因はさまざまなものがあり、シャンプー剤だけが原因ではないことも考えられるからです。また、皮膚病は完治するのがとても難しいですので、適切な処置がとても重要になるのです。

## 爪切りが上手にできたら、ごほうび

多くの犬がイヤがるのが爪切りです。困ってしまって美容師にお願いする飼い主の人も多いのですが、できれば自分でやりたいものです。爪切りをイヤがる犬の多くは、過去に痛い思いをしています。ですからはじめのうちはごく爪先だけを切るようにして、その都度ごほうびを与えるようにします。慣れてきたら徐々に深く切っていくようにします。

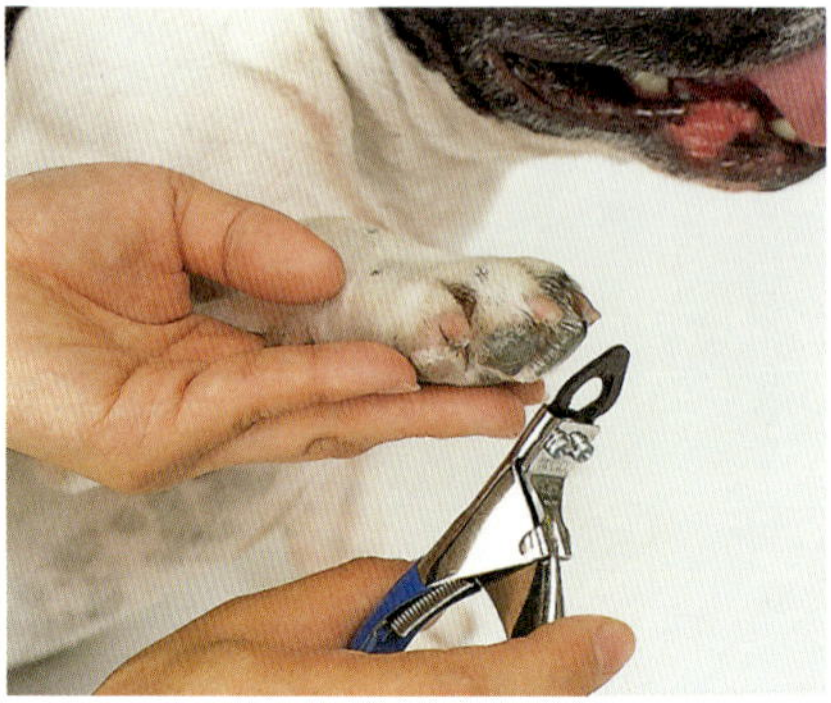
最初のうちは、あまり深く切らないようにするのがコツ。

## 忘れがちな耳そうじも定期的に

フレブルのような立ち耳の犬種では、垂れ耳の犬種よりも、外耳炎などの耳の病気は発生しづらいといわれていますが、ここ数年、耳の病気の発症率は高まってきています。ほとんどの犬種で通院率ナンバー1の病気が外耳炎ですので、やはり耳そうじは健康のためには、欠かせないお手入れのひとつといえます。

もっとも簡単なお手入れの方法はガーゼなどを使って、耳の中を拭く方法です。しかしこれでは耳の入り口付近の手入れしかできないので、綿棒や鉗子などを使って耳の奥まで拭く方法もあります。ただしどのあたりまで拭けばいいのかなかなかわかりづらくて、ビギナーにはちょっと大変です。

そこでおおすめなのがイヤーローションです。イヤーローションは耳の中をキレイにするローションで、これを耳の中に入れ、そうじをした後で脱脂綿などでローションを拭き取ります。

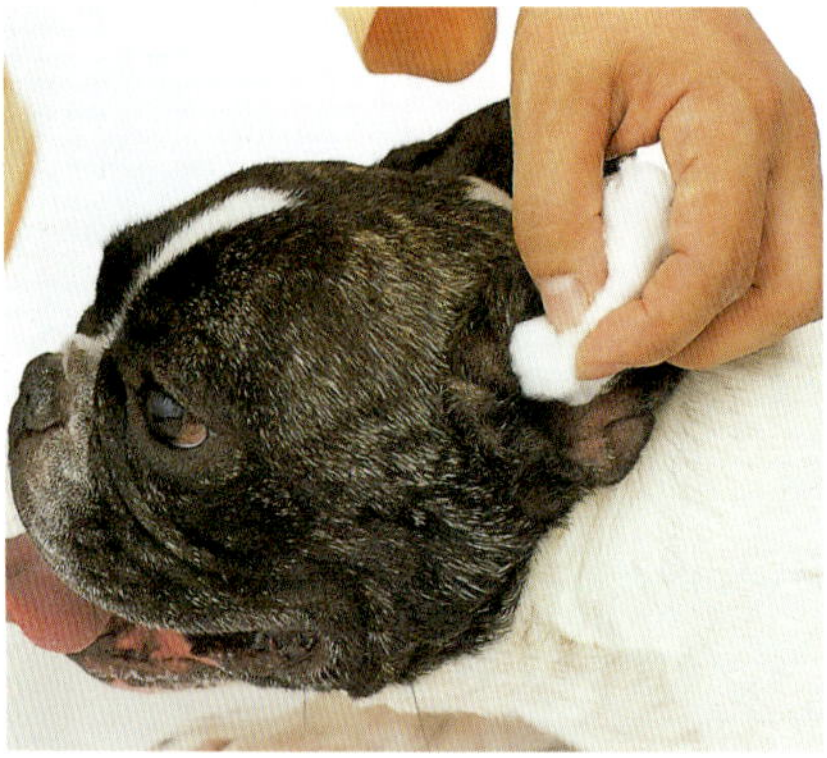
ガーゼや綿棒などを使って耳の中の汚れを拭います。

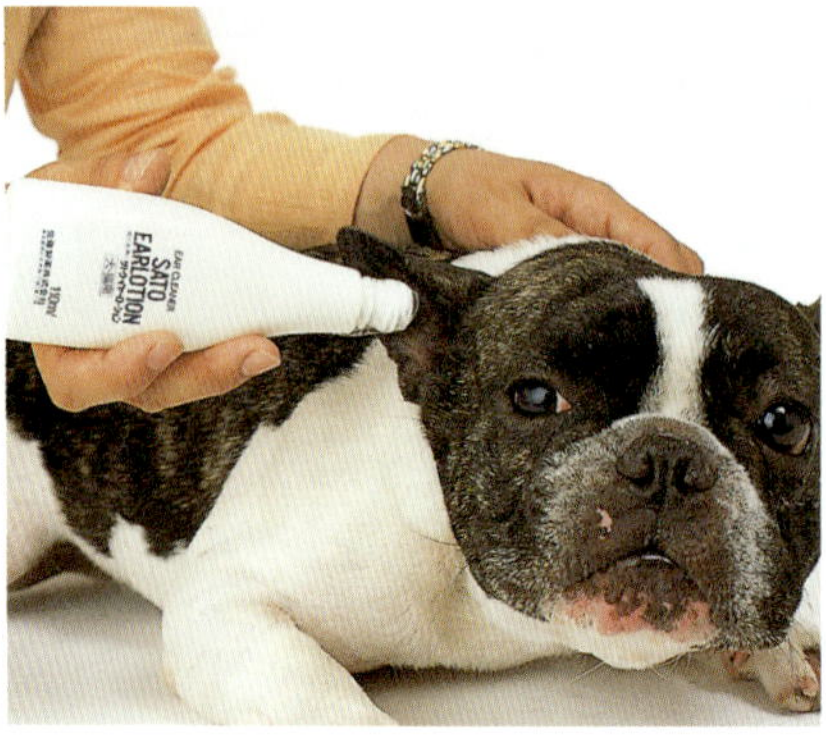

イヤーローションを使うと、耳の奥の汚れも除去できます。

## シワの間を要チェック!!

シワの間はフレブルの要チェック箇所です。この部分から皮膚病が発生するケースもありますので、常に清潔にします。定期的に濡れたタオルなどで拭き取ったり、乾燥肌の場合には、人間用のベビー・ローションを使って拭くのもいいでしょう。逆に涙の多い犬では、常に湿っていますので、毎日、脱脂綿などで拭き取るようにします。

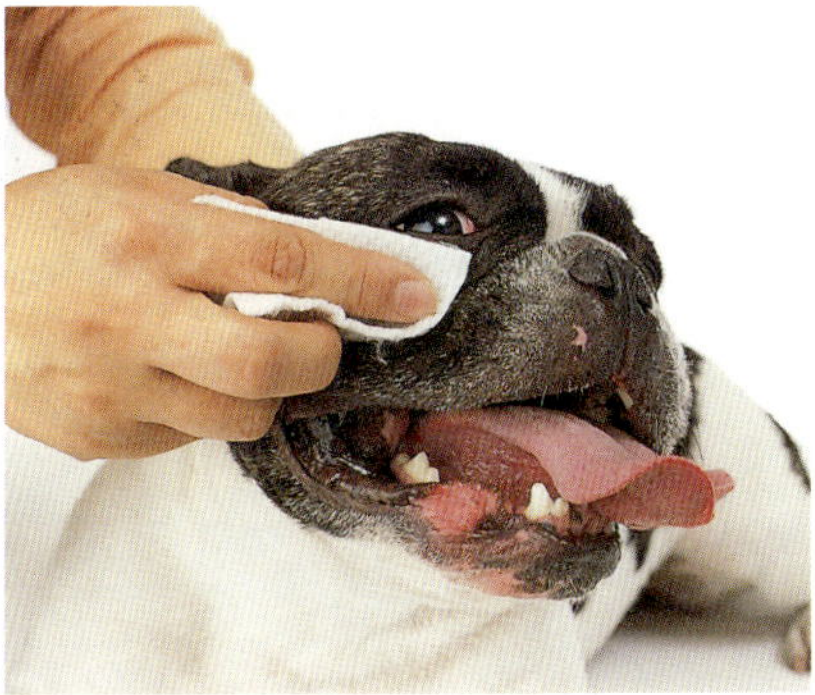

シワとシワの間の奥まで、ていねいに拭くようにします。

## 歯周病は万病の元。歯ブラシで予防を

日常の手入れとして、欠かすことができないのが『歯みがき』です。人間と同様、犬の歯周病もとても増えてきています。歯周病になりますと、口臭がひどくなりますし、悪化すれば犬といえど、歯が抜けてしまいます。

歯みがきの方法は人間と同じで、歯ブラシを使ってていねいに歯を1本1本ブラッシングしていきます。犬用の歯ブラシも市販されていますし、ガーゼ状のものもあります。

歯ブラシの習慣も子犬の頃からやっていないとなかなかできないのですが、気長に慣らせるようにしましょう。歯みがき効果のあるボーンやオモチャなども市販されていますが、やはり効果があるのは歯ブラシです。また、歯ブラシをすることによって、飼い主が歯を1本ずつチェックできるのも重要です。

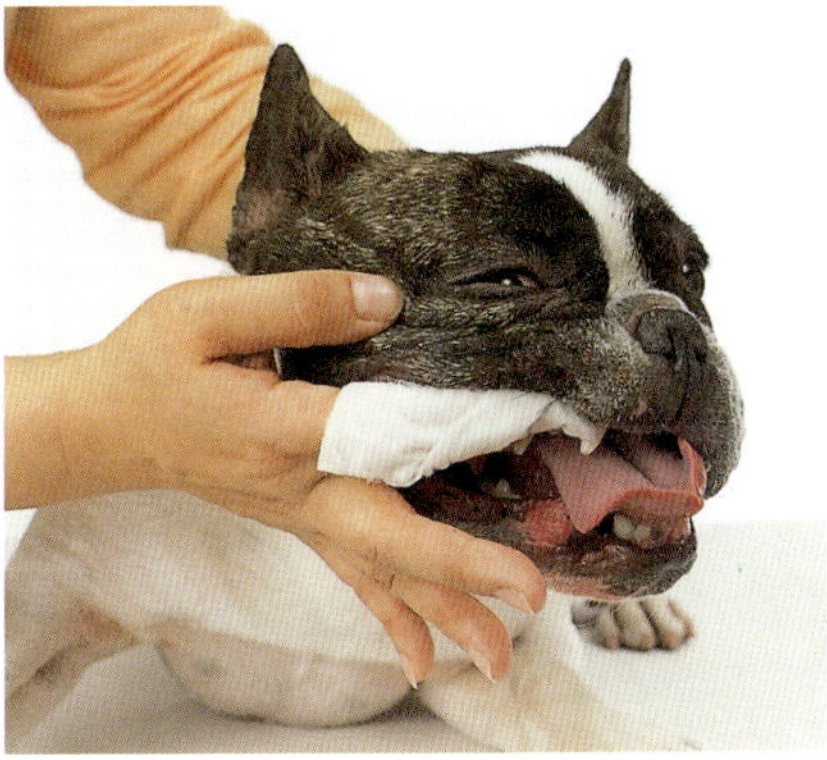

ガーゼ状のものを使う場合には、歯と歯の間も忘れずに。

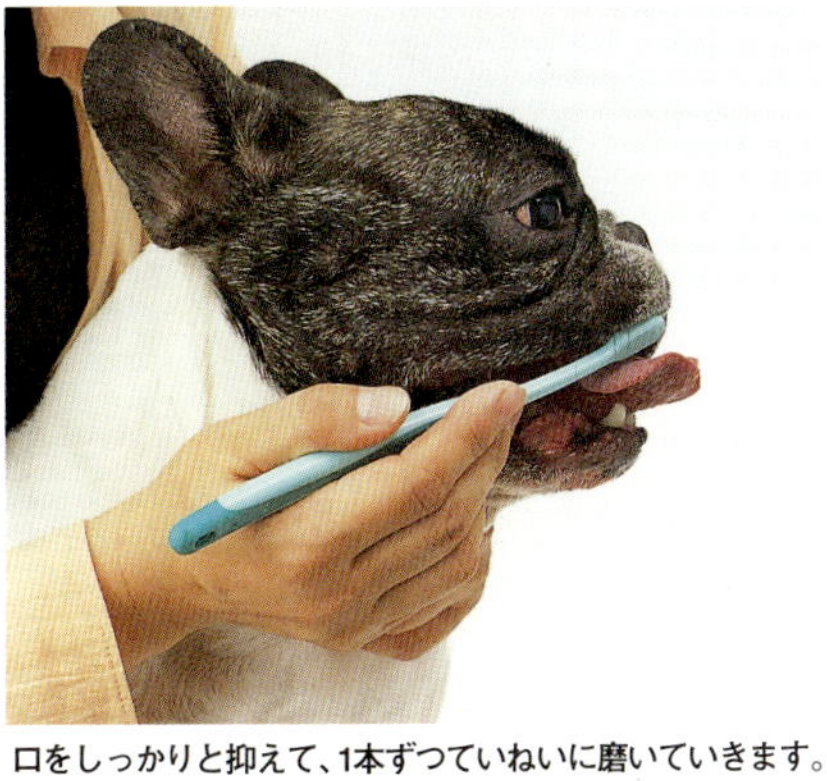

口をしっかりと抑えて、1本ずつていねいに磨いていきます。

# より完璧に仕上げるプロ・テクニック

短毛犬種を美しく見せるコツを紹介します。

## 美しく見せるコツは？

ドッグ・ショーなど、より完璧に美しく見せる場では、さらにこまやかな手入れをします。フレブルのような短毛犬種では、このプロ・テクニックもさほど難しいものではありません。マスターして、たまにこのグルーミングをしてみるのもいいかもしれません。ウチのコが見違えるほど美しくなります。

（グルーミング指導／花房正男）

今回使用したグルーミングの道具（ラバー・ブラシを使ってのブラッシングの方法は、72ページで紹介しています）。

## シザーワーク

ハサミ（シザー）を使って、仕上げることをシザーワークと言います。
通常のハサミ、スキバサミなどを目的と用途によって使い分けています。
クリッパーで全身の毛をカットした後に、仕上げとして行う作業です。

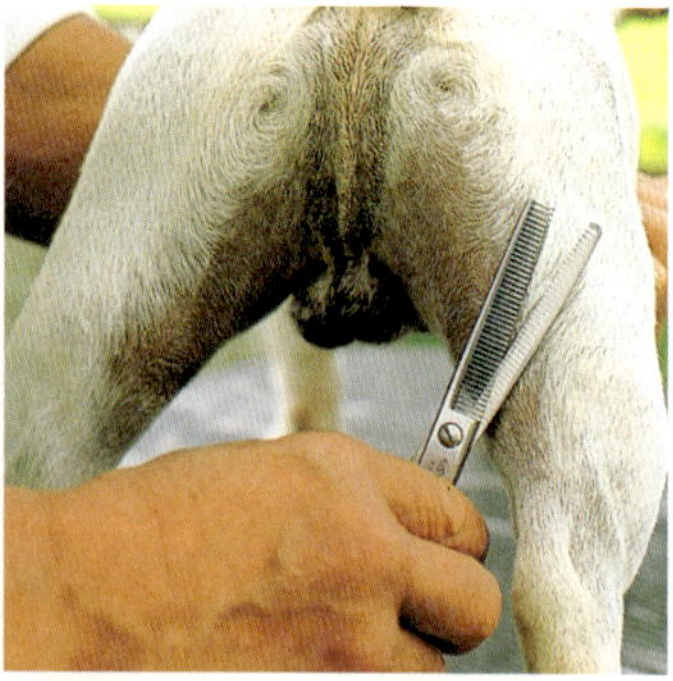

右上／クリッパー（バリカン）をかけた後で、ハサミを使って、毛並みの段差をなくしていきます。ナチュラルな流れに仕上げるのがコツ。
左上／前胸、胸骨端のところの飛び出した余分な毛をカットします。このカットで、フレブルの幅広い胸を強調することができます。
下／より機能的に美しく仕上げるために、爪もハサミでカットします。ここで使用しているのは万能バサミですが、角の部分など丸みをもって仕上げることができます。

## クリッパーワーク

クリッパー（バリカン）を使った作業です。ペット用のバリカンはさまざまなタイプのものが販売されていますが、短毛犬種でかつ小型のフレブルでは、さほど精度の高いクリッパーでなくても作業できます。ここでは、人間用のヒゲそりを使用しています。

### 口の周囲

ヒゲをクリッパーで逆ぞりをするようにカットしていきます。頬や顎のところなど、すべてキレイにカットしていきましょう。

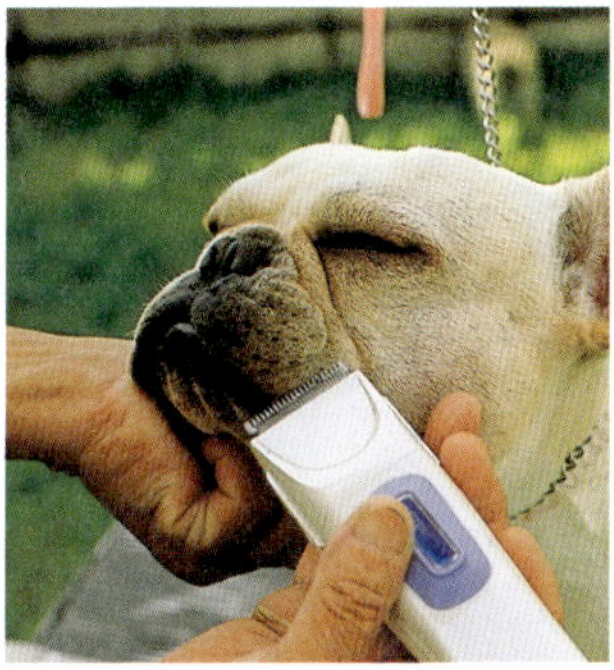

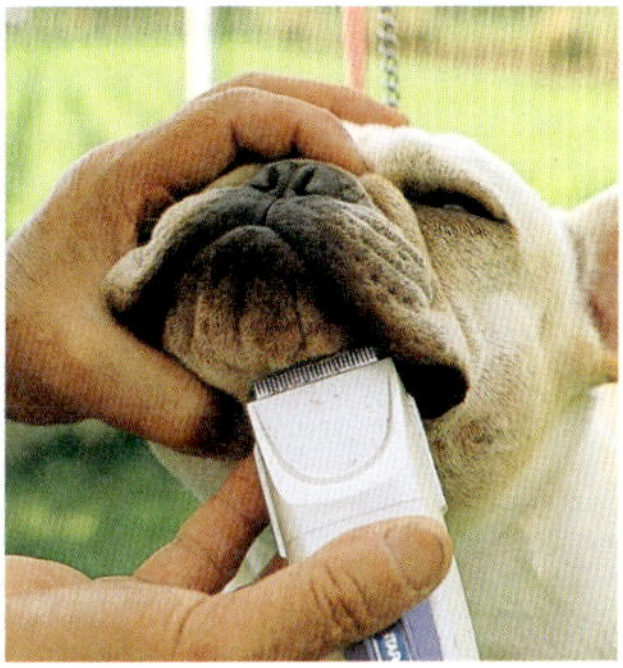

### 耳の周囲

フレブルの特徴であるバットイアーを際立たせるために、耳の付け根の前側の部分をカット。このカットで耳を大きく見せることができます。

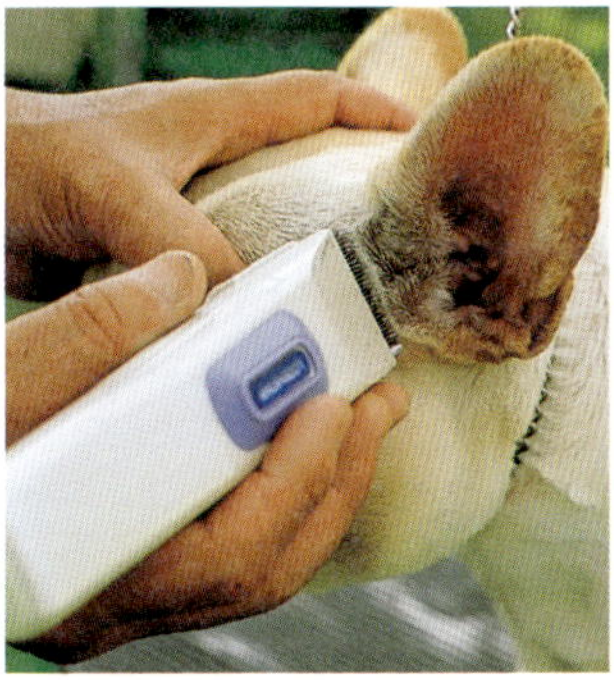

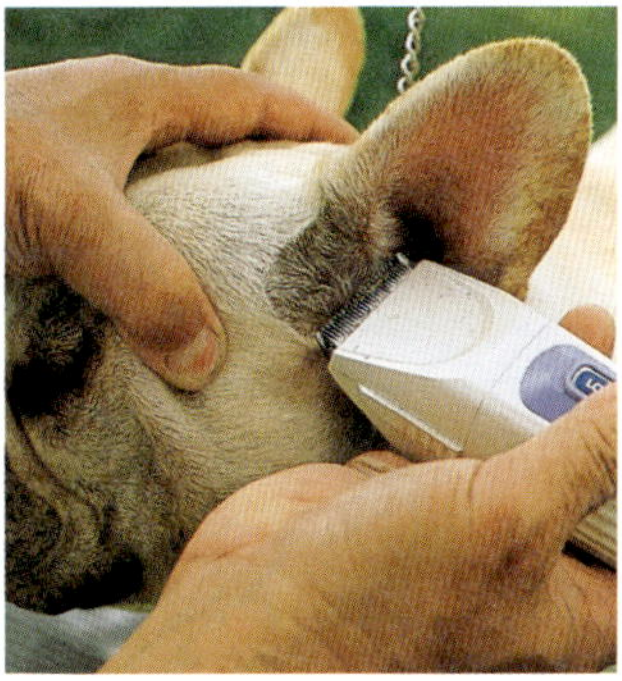

### 腹と肛門

右／腹部の巻き上がりの部分（タックアップ）を見せるために、はみだしている毛をカットしていきます。

左／両後肢内股から肛門周囲をすっきりとカットしていきます。後肢の筋肉の張りや力強さを表現します。

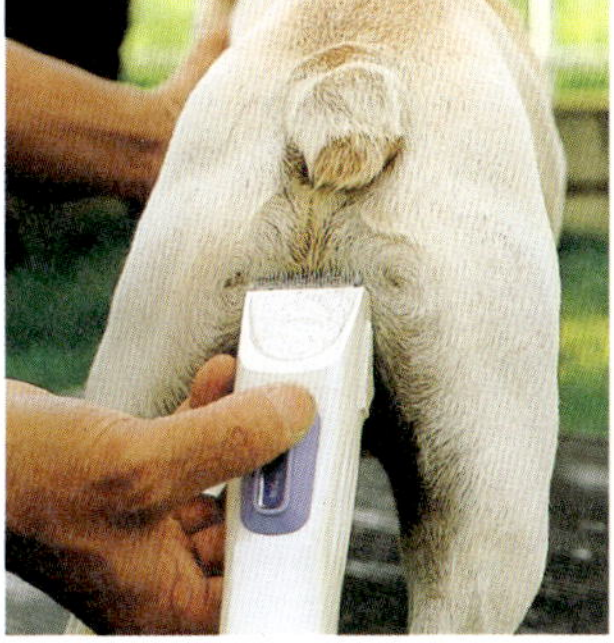

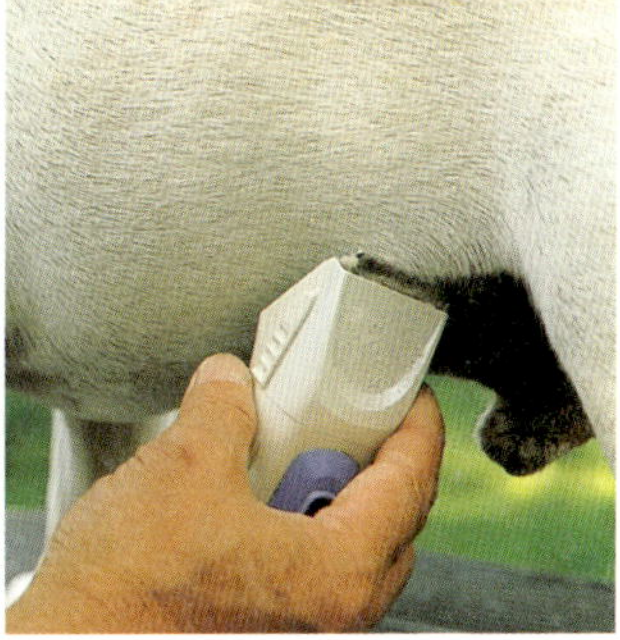

# ストレスを解消する ヒーリング・セラピーが人気!!

アロマやフラワー・レメディのオイルはペット・ショップなどで購入することができます。

## 都会暮らしに多い、ストレスため込み型の犬たちに

犬たちの元気が無い、言うことをきかない、問題行動がある……といった悩みを抱えている飼い主の人たちが多くいます。その原因のひとつに挙げられているのが、犬が抱えているストレスの問題です。そんなストレスの解消のために、最近、人気となっているのが、ヒーリング・セラピーの数々です。犬の精神を安らかにする方法はたくさんあります。たとえば、運動が好きな犬なら得意なスポーツをさせてあげるのもひとつの解決策です。ドッグ・ランなどで自由に走らせてあげるだけでも効果があります。ただし、他の犬との相性があまりよくない犬では、突然、見知らぬ犬がいっぱいいる場所に出かけるのもストレスになってしまう場合があります。フレブルは、初対面の犬と仲良くなるのが、比較的時間がかかる傾向にありますので、無理矢理犬の輪の中に入れるのも考えものです。

フラワー・レメディは犬の精神を安らかにすることにとても効果があります。都会暮らしのフレブルにはとくにおすすめです。

そんな都会派のフレブルたちにおすすめなのは、マッサージやアロマテラピー、フラワー・レメディといったセラピーです。いずれも基本は、人間と同じ方法、同じ処方ですが、犬たちにより合うようにエッセンシャル・オイルやマッサージの方法が研究されています。その代表的なものを紹介しましょう。

**●マッサージ**

体をマッサージします。マッサージにはいくつかのタイプがあり、スポーツの後のストレッチング的なものから、体をくつろげさせるヒーリング的なものもあります。それぞれ方法が異ります。

**●アロマセラピー**

薬効効果のある植物から採取したエッセンシャル・オイルを吸引したりマッサージに使用したりして、動物が本来持っている自然治癒力を高める方法です。治療に用いている獣医師もいます。

**●フラワー・レメディ**

花が持っている自然のエネルギーで精神的な安定をはかります。

この他にも、指圧、漢方、ホメオパシー、ハイドロ・セラピーなど、さまざまなホリスティック・セラピーが用いられ、人気になっています。

さらに、たとえばマッサージの場合、飼い主が犬のボディにタッチしている時間が増えますので、マッサージそのものの効果にくわえて、コミュニケーション効果、病気の早期発見（体のすみずみに触れることによって、皮膚病や腫瘍など、早めに発見することができます）など、2次的な効果も認められています。

本格的にやりたい場合には、いろいろな学校やセミナーなどが開催されていますので参加してみるのもいいですし、ペット美容室などで、プロの方にやってもらう方法もあります。また、自分でやりたい場合には、グッズ・ショップで犬用のエッセンシャル・オイルやレメディを販売していますので、利用するといいでしょう。

# 6 正しい妊娠と出産

かわいい愛犬の子どもが欲しい!!
誰もがそんな思いをもちますが、妊娠と出産は、
イヌにとって大事業。その心がまえはできていますか。

# 子犬の出産は正しい知識で

## 子犬の将来を視野にいれて、正しい出産計画を。

### なぜ、子犬が欲しいのかをもう一度考えて

かわいいウチのコを見ていると、どうしてもウチのコの子どもが欲しくなってしまうものです。それは、どんな飼い主でも共通の思いといっても過言ではないほどです。しかし、生まれてくる子犬はどんなに小さくてもひとつの命です。その命に責任が持てるかを、まず一番最初に考えてください。

何匹も生まれた子犬のもらい手はありますか？ もらい手が無い場合には、自分で育てられますか？

さらに最近では難産のフレブルも増え、多くの出産が安全を考えて帝王切開になっています。いずれにしても、出産時のトラブルに対処する心構えがとても重要なのです。アマチュアの飼い主が繁殖する場合でも、きちんともらい手と話しあった上で、子犬を譲り合うことが常識となっています。

### スタンダードをきちんと勉強すること

フレブルの交配相手に選ぶのは、みなさんフレブルだと思います。しかしご存知のように、同じフレブルでも体格も違えば顔立ちも違います。しかしどんな顔であっても、フレブルっぽかったら、フレブル!! というわけではありません。純血種の犬たちは、スタンダード（20ページ参照）によって、スタイルの規定があります。このスタンダードにはずれた場合には、フレブルとは呼ばない、というプロの人もいるほどです。一般の方では、ここまでこだわる必要はないのかもしれませんが、やはりフレブルの子犬を出産するのであれば、フレブルのスタンダードに準じる子犬を作るための知識は必要と言えるでしょう。プロのブリーダーたちは、スタンダードに近い理想の子犬を産ませるために、さまざまな勉強をしています。アマチュアといえど純血種の子犬を作るためには、それなりの知識を身につけてから行いたいものです。

※イラストはイメージです

## 交配はいつ行うのか

犬の場合、妊娠は一定のシーズンに限られます。そのシーズンのことを『発情』と言います。発情シーズンになりますと、メスは妊娠の準備ができた体になり、その体にオス犬が反応するのです。発情シーズンは犬種によって異なるのですが、フレブルの場合には、生後7～10ヵ月前後に初潮がやってきて、妊娠可能な時期になります。このシーズンは出血がやってくることで確認できます。しかし最初の発情では、犬が未だ大人になりきれていませんので、この交配は避けるべきです。その後6～8ヵ月ごとに定期的に発情はやってきますので、2回目以降での交配を計画してください。

## 発情を確認する方法

陰部から出血をするので発情を確認することができますが、まれに出血の量が少なかったり、飼い主が気がつかないときに、自分で舐めてしまう犬もいます。この他にも、陰部がふくれてくる、尿の回数が増える、お尻をつきだすようになる、などといった行動の異変からも判断できます。

出血がはじまって、10～13日くらい経過すると、陰部がさらに大きくなり、柔らかくなってきます。この頃が交配可能な時期です。血の色が薄くなり、半透明な液体が陰部から出てくるようになります。発情した犬は、相手かまわずマウントをするようになります。

また、特殊な強い臭いも出てくるようになります。この臭いにつられてオスが性行動をとるようになるのです。つまりこの時期がもっとも交配に適した時期ということになりますが、その数日前（発情して10日目頃）に、1度、交配相手と顔を合わせておいた方がよいでしょう。

### 産ませてはいけないイヌ

まず、繁殖する前に避けなければいけないイヌがいます。左記を参考にしてください。

●小さすぎるイヌ

フレブルの標準サイズから見て、明らかに出産が難しいほどの小さなイヌ。体の負担が大きすぎます。

●スタンダードから繁殖が禁止されているイヌ

●遺伝性疾患があるイヌ

遺伝性疾患があるイヌは繁殖を止めましょう。

●慢性疾患

出産はイヌにとって、体力を消耗します。必ず、交配の前に健康診断を行いましょう。

# 交配のタイミングと方法

## いよいよ交配。ちょっと緊張の瞬間です。

### オスのお家に出かけるのがベスト

　交配が最適な出血後12、13日目がやってきました。いよいよ交配です。同じ飼い主がオスもメスも飼っていれば問題はありませんが、多くの場合、交配相手の家に出かけて交配をすることになります。スムーズに交配ができれば、場所はどこでもいいのですが、ほとんどのオス犬はとてもデリケートですので、環境が変わるとなかなか交配に応じません。そのため、メスがオスの所に出かけて交配をするのが一般的な方法です。

　いざ交配。メスの陰部に触れますと、その刺激に対して尾を左右に曲げて、オスを受け入れやすい態勢になりますので、オスを近づけるようにします。このとき、拒否をするメスもいるのですが、3～4時間くらい経過してやっと受け入れ態勢になるメスもいますので、焦らず、気長に待つことが大切です。また、どんな状況になっても、冷静に対処するようにしましょう。

### 交配相手はどうやって見つけるの?

　健康な出産をするためには、交配相手もしっかりと選ばなければなりません。一般の飼い主が交配相手をゼロから見つける場合には、動物病院やペット・ショップ、公園仲間のようなサークルなどを通して探してもらうケースが多いのですが、最近はホームページなどで、交配相手を募集している飼い主の方も多く見かけるようになりました。これはとても気軽に見つけることができるので、いい方法といえますが、交配前に事前にさまざまな事柄について話し合っておかなければなりません。

　たとえば、発情が始まったらどのタイミングで連絡をして来てもらうか、交配に失敗をしたら2度目はどうするか、などです。とくに交配の際に『交配料』のような、金銭に関する取り決めが発生する場合には、さまざまなケースについて話しあっておく必要があります。また、出産後、血統書の申請をする場合には、立会人や交配証明写真などが必要になってくるケースもありますので、相手の犬がどんな血統の犬なのかも知っておくべきでしょう。

## 妊娠をしているかどうか

妊娠したかどうかがはっきりとわかるのは、交配後3、4週間が経過した頃からです。この頃から『つわり』に似た症状があらわれてきます。たとえば、食欲が落ちたり、胃液を吐くなどといった症状です。とはいってもこれも人間と同じで、すべての犬につわりの症状があらわれるわけではありません。さらにこの頃から乳頭が赤みをおびて膨らんでくることからも妊娠を予測することができるのですが、想像妊娠でも同じ症状があらわれますのでこれも確実とはいえません。

交配後2～3週間の頃は、受精卵の着床期間ですので、激しい運動は避けるべきです。また、流産をするのもこの時期ですので、いずれにしても過激な運動は避けるべきです。

40日をすぎた頃にはお腹がふくらんできますので、妊娠を実感することができますが、確実に妊娠の確認をしたい場合には、動物病院でのエコー診断をおすすめします。

普段は食欲旺盛なフレブルですが、妊娠期間は食欲が減退しますので、母体の栄養も考えてあげなければなりません。消化がよくて、栄養の良いものを適量、与えるようにしましょう。妊娠末期には、胃が圧迫されるようになりますので、少量のフードを3回に分けて与えるようにします。

## 交配の前にしておくこと

### ワクチン接種

生まれてくる子犬や交配相手のために、ワクチン接種を必ずしておきましょう。メス犬自身の感染症に対する免疫を持たせるとともに、初乳を子犬に飲ませることによって、移行免疫がもたらされるのです。2ヵ月前の接種が理想です。

### 寄生虫の駆除

妊娠中に胎盤を介して胎児に寄生虫が移らないように、駆除をしておかなければなりません。さらに、ノミ・ダニの駆除も済ませておきましょう。

### 遺伝性疾患の有無や血統の確認

愛犬が遺伝性疾患にかかっていないかを調べておきましょう。また交配相手のイヌも遺伝性疾患がないか血統書を見て確認してください。

# 待ちに待った赤ちゃん誕生の瞬間

## 長い妊娠期間が終わっていよいよ出産。とにかく安全第一。

### 出産までは約9週間 その前に出産準備を

交配後約9週間（約63日）が出産予定日になります。犬の場合は交配日がはっきりとしていますので、比較的出産予定日も明解にわかります。ですから、事前の準備も計画的に行うことができます。

出産の準備に必要なものは下のイラストにある通りです。お産の場所（産箱を置く場所）は、特別の場所を用意するのではなく、いつもその犬がいる場所の方が、落ち着いて出産をすることができます。母犬を産箱に慣らすためにも、出産予定日の2週間前くらいから、産箱で寝かせるようにしておくとよいでしょう。

安全な出産をするためには、予定日の1週間くらい前に動物病院でレントゲン検査を行い、産道の広さ、肋骨の大きさなどを確認しておきます。フレブルでは、最近は多くの出産が母体の健康を考えて、帝王切開で行われるケースが増えていますので、事前の動物病院での打ち合わせはとても重要になります。

**へその緒を糸で結ぶ**

子犬のへそから5mmくらいの所を糸できつく縛ります。ハサミで結び目の外側1cmの場所を切り落とし、切り口に消毒液をつけておきます

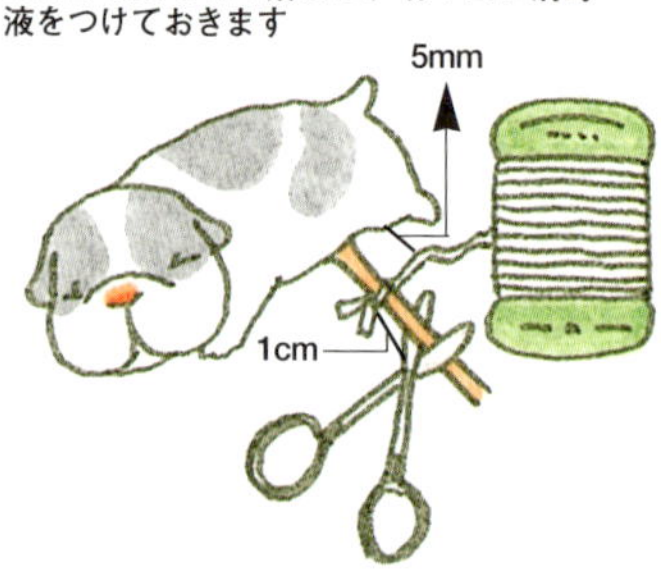


**出産の準備品**

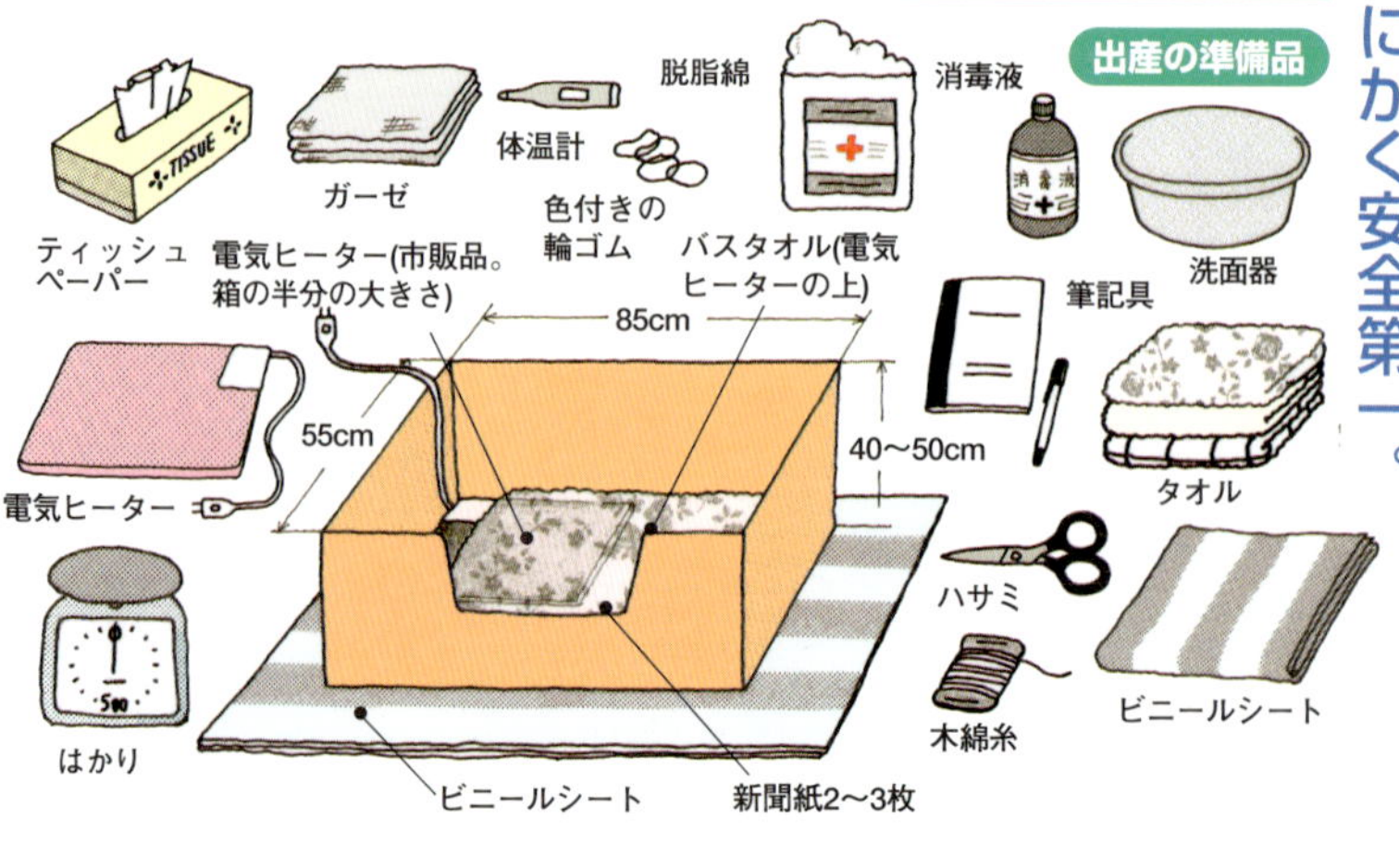

## 分娩には介助が必要

　フレブルの分娩には、必ず人間の介助が必要です。ですから、出産予定日の前から、犬の様子をしっかりと観察しておかなければなりません。注意をしなければならないのは、妊娠58日から63日頃です。

　体温が下がると陣痛が始まります。中には陣痛の弱い犬、陣痛を感じさせない犬もいますので、体温の判断はとても重要になります。妊娠58日前後から、毎日犬の直腸温を計り、37度台に下がったら、陣痛が始まっている、と判断しましょう。

　次に破水があり、いきみとともに羊膜に入った胎児が出てきます。その羊膜を素早く手で破り呼吸を確保してあげるようにします。もしこのとき、胎児がスムーズに出てこないようであれば、ガーゼで羊膜をくるむようにして、ゆっくりと引きだしてあげます。

### 出産までのメス犬の変化

| | |
|---|---|
| 1～3週間 | ●通常、メス犬の出血（透明に近い）は、1週間で止まる。<br>●3週間目位から、食欲不振、不活性などのつわり状態になる（つわりのないメス犬もいる）。<br>●シャンプーは4～5週間は避け、タオルで拭く程度にする。<br>●食事：今までどおり。<br>●運動：過激な運動は避け、静かにさせておく。 |
| 4～5週間 | ●交配後、陰部はいったん収縮したように見えるが、再び膨張気味で、湿潤する。<br>●粘液状のおりものが、尾に付着することがある。<br>●乳首が少し色付き、乳腺が張ってくる（乳房5対10個のうち、とくに後ろの4対8個の乳腺が発達し、その周囲が脱毛する。授乳の準備）。<br>●腹部の圧迫はしない。<br>●食事：今までどおり。<br>●運動：歩行運動をする（時には日光浴も必要）。 |
| 6～7週間 | ●6週目頃になると、胸部から腹部にかけて膨らみはじめ、体全体が丸い感じになる。<br>●乳房5対10個のうち、とくに後ろの4対8個の乳腺が発達（ピンク色に変化）し、その周囲が脱毛する。授乳の準備のため。<br>●床をガリガリ掻いたり、穴を掘るような仕種が多くなる。<br>●膀胱の圧迫のため、チョビチョビと尿の回数が増える。<br>●食事：妊娠犬用のものを与える。カルシウム、ビタミンなどのサプリメントを状況により、与え始める。<br>●運動：歩行運動をする（20分位）。体重の均一化、過大児の阻止に必要である。 |
| 8週間 | ●母犬のお腹が急激に膨れ、手で触ると胎児の動きが感じられる。<br>●腹部に衝撃を与えないように注意をする。<br>●下側の乳首から薄い初乳の分泌がある。<br>●食事：妊娠犬用のものを与える。胃の圧迫により3回/日にする。<br>●運動：歩行運動をする（15～20分間）。 |
| 9週間 | ●出産は平均的には、交配後63日前後。<br>多頭数の場合は、早く生まれるので、注意が必要。<br>●出産が近づく、体温が下がる（平均マイナス1度位）。<br>●出産時間は、昼と夜どちらもあるが、夜間の出産が多い。<br>●食事：今まで食べていたが、突然食べなくなる（食べる妊娠犬もいる）。<br>●運動：歩行運動もしたがらなくなり、息づかいが荒くなる。 |

# 健康な出産のために
# 分娩傾向とその対策

取材協力／中馬寛 獣医師（中馬動物病院院長）

## 母体の安全をまず第一に考えることが重要

犬の出産は安産!! と考えている人が多いのですが、そんなことはありません。とくにフレブルは、その体型から、自然分娩がしづらい犬種といえます。まず、頭が大きいですので、産道を通りづらい傾向にあります。また、呼吸がスムーズではない犬種ですので、順調に出産が行われないと赤ちゃんは元より、母犬の体も危険にさらされることになります。これらのことから、フレブルは他の犬種より、圧倒的に帝王切開での出産ケースが多くなっています。飼い主としては、できれば自然分娩を、と考えるところですが、リスクを犯して自然な分娩を待っているよりは、すみやかに安全な出産を、という考え方になっています。

帝王切開での出産の場合には、もちろん獣医師との緊密な連絡が大切になります。妊娠が確認されたら、出産をお願いする獣医師を決め、エコーなどで事前に妊娠頭数を確認し、分娩時の打ち合わせをするようにしましょう。というのも、出産は夜中に起こることが多いですので、夜中もきちんと対応してくれるかどうかの確認はとても大切です。

帝王切開の手術の方法は、各獣医師によって異りますので、自分の納得のできる方法をとってくれる獣医師を選択することも大切です。

フレブルの1回の出産頭数は、5頭前後が平均ですが、生まれてきた子犬たちをきちんと面倒見られるだけのスタッフがいる病院が理想的です。スタッフの数が少ないと、子犬に何か異常が起きた場合にきちんと対応するのが難しいからです。

気になる帝王切開手術にかかる費用ですが、これは出産にかかった時間や、出産が行われた時間帯によってかなり幅がありますが、一般的には10万円弱といったところでしょう。また、帝王切開でも数回の出産をすることができます。

自然分娩で出産をする場合にも、獣医師の診断を受け、もしもの時のための打ち合わせをしておくことが大切です。もし、次の子がなかなか出て来ない、などのトラブルが分娩中に起こったなら、ためらわずにすぐに獣医師の元に行くようにしましょう。

# 7

# 12ヵ月の健康と生活

毎日、毎日を元気に、そして楽しく送るためには、
どんなことに、気をつければいいの?
そんな素朴な疑問を解決してくれるページです。

# 1月

## 1年のはじまりなので、愛犬の健康管理について考えましょう。

### 病気

1月は、1年のはじまり。みなさんも日記や家計簿が新たにスタートすると思いますが、愛犬の健康管理の計画を立ててみてはいかがでしょうか。計画を立てることによって、いろいろな病気の予防接種の再検討をすることができます。また、各内臓の機能、血液検査の時期を決め、年間スケジュールがわかると、事前にチェックすることができます。

多くの犬の病気は早期発見によって、治療も完治もしやすくなります。逆に発見が遅れると、治る病気も手遅れになってしまうケースがあります。犬は人間と違って、痛いところがあっても、「痛い‼」ということができませんので、早期発見はとても重要な意味を持つのです。そのためにも必要なのが、健康チェック表です。正月休みを使って、愛犬の写真入りのキュートなチェック表を作ってみてください。愛犬への何よりのお年玉になるでしょう。

1月は、消化器の障害を起こしやすい時期なので注意が必要です。なぜなら、この時期、室内犬の場合は、いつもより多めのおやつを食べてしまうケースが多いからです。

食間にお正月ならではの食品を与えることで、消化不良や胃炎を起こす場合が多くなります。おせち料理は甘味や塩分が普通の食事より多いため、とくに注意をしなければなりません。また、お正月のようにたくさんのお客さんが来るときは、いつも以上にみんなからおやつをもらう機会が増えることと思います。お客さんにも、「おやつはあげないでください」という配慮が必要です。

また、この時期は保温を考えなければなりません。動物はお腹を冷やすことが一番よくありません。敷物を十分に入れて保温ができるように心がけましょう。

最近はペット専用の暖房器具も販売されていますので、室温の低い部屋で飼っている場合には、こういった器具を用意することをおすすめします。フレブルは寒さにあまり強くありませんので、暖房には心がけてください。昼と夜の温度差が激しいと気管支炎を起こしたり、発熱、下痢をまねく原因となります。

## 日常のケア

冬は乾燥しているうえに暖房を使うので、静電気が起きやすく、パリパリの被毛になってしまうことがあります。

こんな場合は、静電気防止剤のスプレーやオイルなどを被毛にかけてブラッシングをしてあげると滑らかな毛並みになり、乾燥による皮膚病予防にもなります。

## 子犬の場合

子犬は、消化不良を一度起こしてしまうと、胃炎から急性胃腸炎を引き起こし、嘔吐や下痢ばかりでなく、さらには脱水症状に陥るなど、生命が危ぶまれる危険もあります。お正月だからといって気を緩めたりせず、きちんと管理を行うことが大切です。

とくに子犬は何にでも興味がありますので、お客さんがやってくると、うれしくてはしゃぎ回ってしまいます。子犬は自分の体力の限界を知りませんので、とことん遊びまわってしまいます。頃合いをみはからって、子犬を休ませてあげるようにしましょう。ただし、近くに人がいるとゆっくりと休めませんので、静かな暗い場所で休ませます。また、この時期の入浴は体力を消耗しやすいので、なるべく控えるようにしましょう。もし体が汚れてしまったら、蒸しタオルでよく拭き、ラバーブラシで念入りにブラッシングをしてください。

# 2月

## 1年で一番寒い時期。愛犬の細かな異変にも要注意。

### 病気

1年中でも一番寒い日が多い月です。寒いとどうしても、飼い主が気をゆるめてしまうことが見受けられます。「寒いから犬にとっては快適」と思っている飼い主も少なくありません。この勘違いのため、愛犬に対する気配りが足りずに、病気の発見を遅らせることがしばしばあります。寒い季節は、つねに1日の食欲および動作の観察をおこたってはいけません。これを実行することによって、早い時期に重大な病気が発見でき、一命を取りとめることができるのです。

また、寒いと高齢犬にとっては、体力がかなり消耗され、内臓疾患のの症状なども出現します。症状が重くなると肝硬変などを併発してしまいます。さらに、黄疸症状が現れて、血尿をする犬も少なくありません。

また、人間も同じですが、犬も寒い時期はどうしても太りがちになってしまいます。食べ過ぎや運動不足による肥満ならさほど問題はないのですが、同時に重大な病気にかかっている可能性も考えておきましょう。肝臓動脈のうっ血によって、腹水が溜まる場合があり、肉眼でもわかるほど、肋骨のあたりが少し太くなったり、腹がぼてっとしてきたら、臓器の肥大か、腹水が溜まってきたものなのかを調べる必要があります。

愛犬が変調をきたしたならば、早期にかかりつけの獣医師に相談をしてください。

## 日常のケア

活動的なフレブルは、雪が降っても外に出たがります。その場合は日中の暖かいうちに、無理のない範囲で出してあげましょう。アスファルトやコンクリートの上だけでなく、砂利や土、芝生など、変化に富んだ環境のもとで運動ができると、イヌはさらに喜びます。運動後、被毛が濡れているようならタオルでしっかりと水分をぬぐい取ります。それでも震えが止まらないようだったり、体温が下がり過ぎている場合には、ドライヤーで毛を乾かしながら温めてあげましょう。

この季節、雪が降ったり、雪のある場所に出かける人も多くいるでしょう。短時間であれば、イヌは雪が大好きですので、さほど問題はありませんが、長時間、雪の中で遊ぶのは避けるべきです。

気温の低い場所では、急速に体温が奪われてしまいますので、要注意です。いくら元気に遊んでいても、雪の中ではそこそこにするようにしましょう。

パッドの凍傷にも注意してあげてください。

### 子犬の場合

フレブルは基本的に室内犬なので、暖かい環境のもとで育てることができますが、たとえ暖房された室内であっても、子犬のうちは寒さが原因で体調を崩しやすいので、ペット用ヒーターが必需品です。ただし、低温やけどやヒーターのコードをかじってしまうなどの思わぬ事故にも注意しましょう。

さらに冬期は空気が乾燥しやすいので、とくに暖房器具を使っている室内では、湿度にも気をくばる必要があります。人間が「乾燥をしているな」と感じる場合は、子犬にとってはかなり乾燥した環境ですので、室内に加湿器を置くなどの配慮が必要です。ただし、寒いからといって部屋の中にばかり閉じこめておくのも考えものです。外出は無理としても、日中は窓越しの優しい日だまりのもとで遊ばせるなどして、日光浴をさせてあげることも大切です。

# 3月

## 気温の変化が愛犬の体調を大きく作用。油断は禁物です。

### 病気

みなさんも感じるように、この頃から、季節が変わります。この気温の変化は愛犬の体調にも大きく作用します。例えば気管を病んだり、発熱、下痢などをまねく原因となるのです。

その一つにケンネル・コーフがあげられます。この病気は、1種あるいは2種以上のウィルス、細菌の混合感染で、突然発症する病気です。抵抗力の弱い子犬や高齢犬で、多く発症がみられます。

症状は、食欲・元気ともに普段と変わりありませんが、咳を発する軽度のものと、元気消失、発熱、食欲不振などの重症ケースがあり、合併症を起こして死亡することもある怖い病気です。普通の場合では、症状は前者が多く、ケンネル・コーフにかかったことのない犬は、これに感染する危険があります。症状としては、咳をはじめるとなかなか止まらず、飼い主にとって非常に聞き苦しく、どうにか咳を止めてあげたくなるほどです。いずれにしても長引く咳は安易に考えずに、獣医師の診断をあおぐことが大切です。「多分、風邪だろう」といった素人判断は禁物です。犬にとっても『風邪は万病の元』なのです。

また、最近は犬でも『花粉症』が見られるようになりました。これはアレルギー性の症状が発症します。突然、犬がかゆがるようになった、でも、ノミはいないのに…などといった場合には、『花粉症』を疑ってみる必要があるかもしれません。病院で検査をすると、アレルゲン（アレルギーの原因となっている物質）を解明してもらうことができます。

もし、花粉が原因なら、この時期、外出をひかえる必要も出てきます。また、花粉が屋外から入ってこないように、窓の開閉などにも注意をはらってください。

## 日常のケア

少しずつ寒さはゆるんできますが、まだ気温の低い日が続くので、シャンプーは手早く済ませ、その後は被毛が完全に乾くまでドライヤーをかけましょう。

3月になると早速換毛期に入る犬もいます。この場合、冬場に蓄えた毛がどんどん抜けていきますので、毎日のブラッシングで死毛を取り除いて脱毛を促すと、夏の間もキレイで艶やかな被毛を保つことができます。死毛をそのままにしておくと通気性が悪くなります。放っておくと皮膚疾患の原因になるので、毎日のケアは欠かさずに行ってください。

### 子犬の場合

生後4〜6ヵ月頃の時期は、突然のように食欲が落ちることがあります。おもな原因としてあげられるのが、乳歯から永久歯への生え変わりです。歯が出てこなかったり、まだ短いために食べることが歯茎を刺激して、痛みだすためだと考えられます。このような状態がひと月ほど続くこともありますが、体調がよければ心配はいりません。

この時期は子犬に限らずケンネル・コーフにかかるイヌが多いので、きちんと予防をしておきましょう。

# 4月

## この月は必ずフィラリアのチェックを忘れずにしましょう。

### 病気

4月は犬にとって、もっとも健康に注意しなければならない月です。なぜならば、愛犬の強敵ともいえる病気の一つであるフィラリア症のチェックの時期だからです。

フィラリア症とはイヌの心臓糸状虫症のことで、この糸状虫の発育には必ず中間宿主が必要です。この中間宿主が犬なのです。

夏にミクロ・フィラリア（フィラリアの小虫）を有するイヌを蚊が吸血し、同じ蚊が他の犬を吸血する際に前犬から吸血したミクロ・フィラリアを皮下組織に移行させます。これにより、フィラリア虫が感染するわけです。フィラリアの予防をしていない犬が夏を過ごした場合は

38%、ふた夏を過ごした場合はなんと89%が感染しているといわれています。この時期に、ミクロ・フィラリアの有無を検査し、感染を確認したならば、どのように治療するか、主治医に相談してください。

現在では感染していてもおそれることはなく、早期から治療すれば、完治、つまり糸状虫およびミクロ・フィラリアを殺滅することができます。また、内服薬を使用してミクロ・フィラリアが成虫にならないように作用させ、フィラリア症の発症を防ぐことができます。この薬は約半年間、体重に合わせて服用します。

フィラリアの予防薬を投与する前に、事前の身体検査をする病院も多いので、この時期に合わせて、毎年1回行われる狂犬病の予防接種、ジステンパーやパルボウイルス感染症などの混合ワクチンも同時に行われることが多くなります。日常的に病院に行かない飼い主の方には、とてもいい方法だといえます。

どうせ病院に行くのなら、1日かけるつもりで、健康診断（血液検査など）を受けてみるのもいいかもしれません。

## 日常のケア

春を迎え、気分が晴れやかになります。犬の散歩も、どこか浮き足立っているようで、ついふらふらと草むらに入っていこうとしたりします。草木に新芽が出てくるシーズンですので、犬もとても気になるのです。ただし、昆虫も生まれていることを忘れずに。できるだけ散歩のときに前を向かせ、まっすぐ歩くようにしましょう。なぜなら、他の犬の糞やオシッコに触れる恐れがあり、不衛生なだけでなく、伝染病に感染することも考えられるからです。リードをしっかりと持って犬をコントロールしましょう。

### 子犬の場合

気候が暖かくなると、子犬もこれまでより活動的になります。予防接種が終わっている子犬であれば、家のまわりを軽く散歩させてみましょう。ただし、突然リードを付けても犬はなかなか動いてくれません。室内でリードに慣れさせてから外に出すようにします。

リードに慣れさせるもっともベストな方法は、リードを使って遊んであげること。ただし、あまり度を越すと、リードにじゃれるクセがついてしまいます。このクセがつくと、散歩をしながら自分のリードにじゃれてしまって、なかなか真っ直ぐに歩かなくなってしまいます。遊ぶのはそこそこにして、歩く練習をすることが大切です。

散歩に適した季節ではありますが、朝夕の気温差が大きい頃でもあります。散歩の時間も考えてあげるようにしましょう。子犬の健康には十分気をつけてください。

# 5月

## ポカポカ陽気に気分も晴れやか。でも、下痢には要注意!!

### 病気

4月から5月にかけては1年でもっとも過ごしやすい季節です。ただし、この時期は腸内寄生虫の増殖期でもあります。必ず検便をして、寄生虫がいたら駆虫剤を用います。

しかし駆虫剤をかけたからといって万全ではありません。駆虫剤は腸内に寄生する成虫を駆虫することはできるのですが、成虫が産んだ虫卵には、効果があまりありません。そのため、一度、駆虫剤をかけたからといって安心できないのです。なぜなら、虫卵が体内で孵化し再度寄生するからです。できれば、孵化した虫卵が成虫になる前にふたたび駆虫剤を使用することによって、理想に近い駆虫ができます。

とくに鉤虫（十二指腸虫）はこの時期が増殖期で駆虫しにくく、駆虫剤を使用した場合は、13日後に再度、駆虫剤を使用するとよいでしょう。

寄生虫を持つイヌは健康管理が困難です。症状としては、貧血症状が出たり、お腹の部分がガスによって張ったりします。さらに下痢を起こしやすく、粘血便を排泄し、時には血便となることがしばしばあります。

腸内寄生虫には、これらの他にコクシジウムやトリコモナスのような原虫による寄生虫もあります。寄生虫の種類により適切な駆除剤を使用し、駆虫することが大切です。

また、ノミやダニなどの外部寄生虫も発生しはじめる時期です。これらの外部寄生虫の場合、多くは目で確認することができますので、散歩から帰ってきたら、ブラッシングなどをして、被毛のチェックをこまめにするようにしましょう。とくに野山に出かけたときには、いつも以上に丹念に皮膚と被毛を見てあげるようにします。単にノミやダニがついていただけなら、指やピンセットなどで除去すればいいのですが、咬まれた跡が赤くなっている、あるいは、全身をかゆがるようになった、などの以前と異なる症状が見られたら、念のため、獣医師に相談することをおすすめします。

## 日常のケア

ケージ内のタオルや毛布は定期的に取り替えるようにし、愛犬が快適に過ごせるよう気を遣いましょう。気持ちのいい季節ですので、ケージやサークルごと天日干しをしてもいいかもしれません。この時期を逃すとすぐに梅雨に入ってしまいます。

また、丈夫な歯をつくるためには、なるべくフードは固いまま与えるようにします。柔らかい食べ物ばかり与えていると、歯石がたまり、口臭やムシ歯の原因となるので気をつけましょう。

## 子犬の場合

ずいぶん暖かくなりました。新緑が清々しい季節、公園や広場での自由運動にうってつけですが、陽気がいいからといってあまり長時間の屋外は、子犬に負担をかけてしまうことになります。毎日ペースを守って行いましょう。

秋に生まれたフレブルたちが初めてのシーズンを迎えるのもこの頃になります。飼っている子が男の子であっても、女の子であっても飼い主としては、心の準備をしておかなければなりません。

発情と生理について詳しくは、6章をご覧いただけるとわかると思いますが、シーズンになると、行動パターンが変わりますし、周囲のイヌの反応も変わります。何の知識もなく、この時期を迎えて、わけがわからなくなってしまう飼い主を多く見かけます。

生後6ヵ月前後から、とくに女の子を飼っている方は、イヌの生理について、知っておくことが大切です。

# 6月

## ノミが出回るシーズン。駆除と予防を忘れないように。

### 病気

いよいよ、犬にとっても飼い主にとってもイヤな季節に突入しました。梅雨です。

この季節には注意をしなければならないことが山積しています。まず、最初にしなければならないのは、皮膚および被毛を清潔に保つことです。これは皮膚病にならないように予防するためです。この時期は雨も多く、湿度も高くなりますので、飼い主にとって、1年の中で一番被毛の手入れが大変な時期ともいえます。ブラッシングおよびラバーブラシなどで、きちんとこまめに死毛を取り除いてください。

また、フケが出た場合は早急に取り除く必要があります。皮膚に付着した脂肪分や汚れをそのままにしておくと突発性湿疹になって、飼い主をあわてさせることがしばしばあります。

主な症状は1日にして皮膚が赤くなり、犬はかゆさのあまり皮膚を自分の歯でかきむしり、被毛をむしり取ってしまいます。治療の方法は、リンパ液で湿潤していくのですが、とても痛そうで、犬たちはこの治療をいやがります。中には薬の塗布などをいやがる犬たちも少なくありません。

皮膚病にはこれらを含め、菌、内臓機能から発症するもの、外部寄生虫（ノミ、ダニなど）によって発症するものもあります。

## 日常のケア

梅雨期に入ると、雑菌が繁殖しやすくなり、食べ物の腐敗も進みます。犬の食事をそのまま出しっぱなしにしてはいけません。残したもの、30分以内に食べ終わらなかったものは、もったいないなどと思わずに処分してしまいましょう。

出しているフードだけでなく、開封したフードも同様です。「ドライフードだから大丈夫」という人がいますが、そんなことはありません。ドライフードもカビがはえてくるので、この時期は大袋で購入せずに、小さい袋のものを短期間で食べきるようにします。

オヤツも同様です。飼い主の見ている前で食べさせ、残りは回収します。乾燥タイプのジャーキー、牛皮のガムなど、見た目は何の変化がなかったとしても、雑菌が繁殖していますので注意が必要です。

飲み水も、常に新鮮なものに替えてあげることを忘れないでください。容器であるボウル類もこまめに洗い、必要のないときには空にしておくようにします。

### 子犬の場合

毎日のお手入れでは、ウブ毛の抜け具合をしっかりチェックしましょう。念入りにブラッシングをして死毛を取り除きます。なかなか生え変わらず、心配なようであれば、獣医さんに相談してみましょう。

梅雨に入って被毛のベタつきが気になるのと、換毛を促進させる意味で、通常なら月２回のシャンプーを週に1度にしてもよいでしょう。ただしシャンプー剤については、細かい配慮をしてあげてください。基本的には犬用のシャンプーであれば問題はないのですが、ちょっと切らしてしまったときなど、人間用のシャンプーを代用してしまう人がいます。犬用と人間用のシャンプー剤は成分がまったく違いますので、常時、犬用のシャンプー剤を用意しておくようにしてください。また、用途に分けてさまざまなタイプのものがありますが、子犬のうちは刺激の少ないマイルド・タイプを使うようにします。

# 7月

## 食中毒の季節。食事や殺虫剤に気をつけて。

### 病気

梅雨期も終わり、夏の気配がやってきます。徐々に陽射しが強くなり、日によっては夏日になることもあり、そろそろ夏の生活の準備が必要になってくる頃です。

この頃は湿度が高いため、イヌは呼吸回数を増して体温を調節しています。つまり飲水が過剰になり、下痢を起こしたり、胃炎が発生することもあります。また、食欲不振や嘔吐などを繰り返すことがしばしばあります。これらの胃腸炎になると、嘔吐はもちろんのこと、血便をしたりして、大事に至ることも少なくありません。

また、この時期は中毒症状になる犬も多くなるので注意したいものです。

　具体的な中毒症状の例として挙げられるのは、殺虫剤、除草剤、殺鼠剤、ヒキガエル、そして食物由来の中毒などです。なかでも殺虫剤、殺鼠剤は、生物学的機構に毒性を発揮し、殺すように作られていますので、ペットのいる場所で使用することは絶対に避けるべきです。愛犬の日常的な行動範囲内に置いていてもいけません。

　除草剤の中毒は、食欲不振、嘔吐、下痢などの症状からは、すぐに除草剤が原因と診断することが難しく、治療に時間がかかってしまうことがあります。他にはヒキガエル中毒も多く、犬が、カエルの耳下線を押し出して中毒症状を発生させ、流涎、そして重症のものは痙攣すら発症させることがあります。

　もし、原因不明の嘔吐をして病院に行くときには、必ず吐いた物を持って行くようにしてください。吐瀉物から、何が原因による嘔吐か判明しやすくなります。それによって、いち早く適切な治療をすることが可能になるのです。

## 日常のケア

　愛犬の強敵ともいえるフィラリア症。この恐ろしい伝染病は、蚊に刺されることによって感染します。ですから、夏の防蚊対策はしっかりと行わなければなりません。窓のすき間から蚊が入り込まないように網戸を取り付け、さらに防蚊剤などを焚《た》くようにします。

　運動のときにむやみに草むらなどへ入らせないことも大事です。ペット用の虫よけスプレーも効果があります。また、最近では防蚊剤が塗られたTシャツなども市販で販売されていますので、こういったものを着せてあげるのもよいでしょう。

### 子犬の場合

　徐々に暑さが増し、7月下旬になれば、気温が30度以上に上昇する日もあります。フレブルは室内犬なので、エアコンの効いた涼しい部屋にいることも多いと思いますが、床から30cm以内の空間で生活しているイヌだと、人間の体感気温より常に3～5℃は低い環境にいます。そのことを考慮して、冷え過ぎないように温度調節をしてあげてください。

# 8月

## 熱射病は大敵!!　暑さには万全の配慮を。

### 病気

8月に飼い主がもっとも注意をしなければならないのは熱射病です。熱射病の原因は高体温です。

これには、誘発するいくつかの原因が関与しています。前提条件は周囲の温度が高いことで、30℃以上の温度になる日は、かなり注意をしなければなりません。

多くの場合は、換気の悪い場所、例えば、自動車や輸送箱、ケージに閉じこめられている状態において多発しやすくなります。気温と同時に湿度が高いと、いくらあえいでも、口腔および鼻腔からの水分蒸発が少なくなるので熱射病を発症するのです。

愛犬の様子がおかしく、四肢をさ

わると熱く感じるようであれば、獣医師に連絡すると同時に、とにかく体温を下げてあげましょう。生存を決める要因は高体温症の程度と持続時間ですので、直腸温を下降させる効果的な方法として、胴体および四肢（全部の脚）を、冷水または氷水を入れた水槽に浸け、四肢の摩擦を行なうとよいでしょう。

冷却中には、10分おきに体温を計り、39℃に下降したら出してください。この病気は、人間が注意をはらえば防ぐことができます。

## 日常のケア

どんな犬種でも夏は要注意シーズンなのですが、暑さに弱いフレブルはとくに気をつけなければなりません。よくあるトラブルとしては、クーラーをつけたまま外出をしていたら、途中でクーラーが止まってしまい、室内で熱射病になってしまうケースです。極力、クーラーを付けた状態で、イヌだけで留守番させることは避けるべきですが、もし、どうしても外出しなければならない場合には、冷却材をそばにおいていく、室温の低い部屋（たとえばお風呂など）に入れるようにしておく、など第2、第3の予防策をして出かけるようにしてください。

毛をそぐなどの、フレンチブルならではのサマー・カットもおすすめです。一説によると、毛をそぐことによって、抜け毛を多少減らすこともできるそうです。いずれにしてもフレブルのカットはほとんど美容室で行いませんので、事前にトリマーと打ち合わせをする必要があるでしょう。

夏の散歩では、舗装された道路のタールが溶けてイヌの足に付着していることがあります。チェックしてください。もちろん、陽射しの強い日中に散歩をしてはいけません。

### 子犬の場合

真夏の屋外での運動は、コンクリートやアスファルトからの放射熱を避けるためにも、午前なら8時前、午後なら7時過ぎの涼しくなってから行うようにします。出かける前に地面を手で触って熱さを確認してください。どうしても日中にしか散歩ができない状況であれば、子犬では無理に散歩をする必要はありません。むしろ、その時間をエアコンの効いた室内で、一緒に遊んであげるほうが、精神にも肉体にもいいでしょう。無理矢理に散歩に連れ出そうとすると、散歩が嫌いになってしまう犬もいますので、無理強いは禁物です。

散歩でなくても、日中出かける必要のある場合には、日傘などを用意して、子犬に直射日光があたらないような配慮も大切です。また、冷たい飲み水を用意して、こまめに飲み水を与えるようにします。ポットなどに氷を入れて水を冷たくしておくといいでしょう。

# 9月

## 夏バテ？　食欲不振などのチェックを。

### 病気

残暑の厳しい日が続く9月ですが、8月の暑さに比べたらひと段落といったところです。

ただし、人間と同様イヌやその他の動物にも夏バテがあり、食欲不振、元気消失、脱力感などといった症状があらわれてくるのもこの頃です。

とはいうものの、夏期に運動不足になった分をそろそろ取り戻す頃でもあります。温度に注意し、愛犬の運動量を計算し、徐々に元に戻すように心がけてください。ポイントはゆっくりとはじめること。一気に運動をはじめると、夏期の間におとろえた心臓に負担がかかり、運動の途中に脳貧血を起こし、運動を中止したり、倒れたりすることが、しばしばあります。

　また、急激な運動により、腱を痛めたり、パッドをすり切ったりすることも少なくありません。さらに愛犬が原因不明の発熱を起こしたり、胃腸をこわし、嘔吐、下痢をするなどの症状が出てくる疾病も多く見られる時期です。

　夏の間、食欲がなかった愛犬たちも、今月の後半頃には多少食欲も出てきて、夏期に1日1食としたイヌは、今後の時期にそなえて、2食にもどすことも考えましょう。

## 日常のケア

　夏が終わると、フレブルの被毛は夏毛から冬毛へと生え変わりはじめます。死毛が残っていると皮膚病の原因になるので、皮膚の状態をチェックしながら、毎日欠かさずにブラッシングをして換毛を促しましょう。きちんと被毛の根元からブラッシングするようにしないと、アンダーコートが残ってしまい、だらだらと抜け毛が続く原因となります。

　シャンプーはこの頃からは、基本的には汚れたらでかまわないのですが、目安としては、月2回ほど行ってあげたいものです。

　穏やかな気候になってきましたので、犬の気持ちも落ち着いてきます。この時期に爪切りや耳掃除など、普段、犬がいやがる手入れをしてあげるのもいいでしょう。

　夏の暑さで疲れた被毛を回復する意味合いもこめて、泥パックやアロマ・マッサージなどもおすすめの季節です。

### 子犬の場合

　残暑が厳しく、また部屋の中をエアコンで涼しく保つ日が続きますが、徐々に朝夕の気温差が大きくなってきます。夕方から朝にかけて、ケージ内が寒くならないように気を配りましょう。

　夏バテで食欲がない子犬もいますが、少しずつでも食べるようであればとくに心配はいりません。時には肉やレバーの煮たものをフードに混ぜて、スタミナを回復させてあげましょう。

# 10月

## いよいよ発情期。交配する人は、心構えと準備を。

### 病気

心も体も落ち着いて、出産を考えている人にとってはベストシーズンでもあります。

犬には通常年2回の性周期があり、自然界の犬科の動物は春と秋に発情期となりますが、人間に飼われている場合は、冷暖房などの影響により春秋とは限りません。発情期になると、陰部が腫脹し出血をします。この出血は個体差により、量の多少はあります。また犬によっては、無出血でありながら陰部は腫脹し、あきらかに発情期と認められる場合が少なくありません。繁殖をしようと考えている方は、とくにこの時期には気を配り、発情期がいつからはじまったかをチェックする必要があります。発情期は、交配日を決定する最大の目安になるからです。妊娠と出産について、詳しくは6章をご覧になってください。

最近は、発情期にスメア検査によって排卵日を決定する方法が獣医師によって行なわれるようになり、よい結果を得ています。正確な排卵日を知りたい方は、この検査を受けてみるのもいいでしょう。排卵日は個体によって異なり、学問の定説どおりにはいきません。交配がうまく行われ、受胎したならば、愛犬の体調をよく考え、栄養状態や、運動に気を配ることです。

犬の場合、妊娠期間はおよそ63日間あり、妊娠1ヵ月ぐらいからは、運動をよくさせ、出産がスムーズにいくように心がけてください。

## 日常のケア

過ごしやすい季節を迎えました。天候と犬の体調を見ながら、運動の量を少し増やしてあげてもいいかもしれません。

この時期、下草が長めに生えた空き地や公園などに行くと、草木の種子が落ちていて犬の被毛にくっついてくることがありますから、運動後はていねいにブラッシングをして種子や枯れ葉などの汚れを落としましょう。予防策としては、静電気を押さえるリンス・タイプのスプレーなどを散歩の前に被毛にかけておくと、草やホコリなどがつくことを若干抑えることができます。また、散歩後のブラッシングもスムーズにすることができます。

散歩後には被毛のチェックだけでなく、被毛をかきわけて地肌をチェックし、ノミやダニがいないかどうかも確かめてください。この外部寄生虫チェックは、11月くらいまで、定期的に行なうようにすると、早期のノミ・ダニ駆除ができます。

### 子犬の場合

食欲の秋とは人間だけに当てはまる言葉ではありません。犬も同様に、食欲が旺盛になります。

とくに生後数ヵ月の子犬は、グングンと発達し、日を追うごとに大きく成長していきます。もう1度、自分のイヌのフードの量が適切かどうかをチェックしてください。子犬の頃はブリーダーやショップで教えてもらった分量を与えていることと思いますが、成長している子犬に適切な量なのかを再チェックすることが必要です。また、子犬専用のフードを与えている場合には、フードの内容を再度確認し、適した月齢なのかを調べてみてください。ひょっとしたら、切り替え時期なのかもしれません。ドッグフードは総合栄養食なので、それだけ与えていても十分にバランスはとれますが、肉や野菜などを加えてもいいでしょう。その場合はフードの栄養バランスを壊さないように、分量を食事全体の2割程度に抑え、フードに混ぜるようにします。

# 11月

## 過ごしやすい季節だからこそ、油断は大敵です。

### 病気

フレブルにかぎらず、どんな犬種にとっても、この時期は何か生き生きとして見えます。ちょっと寒く感じるこの頃が、犬にとってベスト・シーズンなのです。

運動量にともなって食欲も増しますが太り過ぎないように気をつけてください。太らせてしまうと、体に大きな負担をかけてしまいます。また、生活の悪習慣も身についてしまって減量には大変な苦労がつきまといます。

食事と運動のバランスがとれた毎日が送れるように、日頃からきちんとした飼育管理を心がけてください。

しかし、やせ気味の犬はこの時期

に十分な量を与え、ベスト・コンディションにもっていかなければなりません。

冬に向かって皮下脂肪をたくわえて、カロリー源としなければならない時期ですので、特別、ダイエットが必要なイヌでなければ、さほどカロリーを気にしなくてもいい時期かもしれません。ちなみに、栄養バランスが悪くなると、犬はその影響がすぐに被毛に出てきてしまいます。寒い冬を乗りきるためには、健康な被毛はとても重要です。そういった意味でも、この時期、しっかりと栄養をつけておかなければならないわけです。

## 日常のケア

夏に落ちたコートも、この時期には増量し、みちがえるように立派になります。定期的にブラッシングおよびシャンプーをしてください。この時期に皮膚および毛根を刺激して、毛の状態を最高のコンディションに持っていくことです。もし、愛犬がフケを出すようであれば、シャンプー後にコート・コンディショナーなどをつけてあげるとおさまると思います。

この頃、人間の肌もカサカサになるように、犬の皮膚もカサカサになってしまうことがあります。こんな皮膚をドライ・スキンと言います。多くの場合、乾燥し過ぎると、このような症状となりますので、この時期には皮膚のコンディションに気をつけなければなりません。ドライスキン専用のシャンプーや沐浴剤も市販されていますので、フケがおさまらないようであれば、こういったタイプのものにきりかえるといいでしょう。それでも改善されない場合には、ホルモン系の病気であることも考えられますので、獣医師に診てもらうようにしましょう。

### 子犬の場合

子犬の便の状態を常に把握しておきましょう。少しでもゆるい場合は、食べ過ぎと考えて食事の量を減らして様子を見ましょう。また、食欲が増してくると、散歩のときなどに道端に落ちているものを拾い食いするかもしれません。健康上でもしつけの面でも好ましくないので、リードでしっかりとコントロールして絶対にやめさせましょう。

# 12月

## 冬もブラッシングやお手入れを忘れずに。

### 病気

12月は、保温をまず第一に考えなければなりません。

フレブルは小型犬種ですので、暖房などには注意をはらうようにしてあげてください。室内でサークルやケージ等で飼っている場合には、窓際など、直接、冷気のあたる場所は避けるようにしなければなりません。とくに夜間は室温が下がりますので、状況に応じて、ペットヒーターなどの準備も必要になってくるでしょう。くれぐれも窓際や廊下などにケージを置かないように。こういった場所は、夜間の温度が急激に下がります。同じ建物の中でも、人がいる場所といない場所では、かなり温度が違うものです。

しかし、コート・コンディションの一番よい時期でもありますから、被毛を不必要な温かさでむらすことはよくありません。

冬の間はコート・コンディションさえよければ、とくにシャンプーをする必要はありませんが、体質によりコートがべとついたり、油気の多い犬は、たまにシャンプーをするだけで、よいコンディションを保つことができると思います。

ショーに出陳している犬は常にシャンプーをしているために皮膚の状態もよく、トラブルが起きにくいものですが、一般の愛犬家たちは、自分の愛犬のコンディションを注意しながら観察をし、気がついた点があったら、1日も早くこれを解決できるように手を加えることが必要でしょう。

寒くなってきたので、ブラッシングの回数が減りがちになってしまいますが、この時期もやはりブラッシングは重要です。なぜなら、ブラッシングは皮膚の血行を助ける効果もあるからです。

## 日常のケア

師走に入り、慌ただしい毎日が続くことと思います。愛犬とゆっくり接することもままならない、そんな飼い主も少なくないことでしょう。でも、1日2回程度の運動はおろそかにしないでください。

運動量が減ると、健康上よくないだけではなく、ストレスがたまって、精神面に問題が応じることもあります。

満足な運動ができないときには、室内を自由に動き回らせてあげましょう。できれば、飼い主もこのプレイ・タイムに参加してあげたいものです。

### 子犬の場合

朝夕の冷え込みがきつくなってきました。ケージ内を保温しましょう。ペットヒーターを用意し、暖かなタオルや毛布を敷物として中に入れて、寝心地のよい環境をつくってあげます。

食事は必ず人肌程度に温めてから与えましょう。子犬の冷えによる下痢は、体力を消耗させるので一番よくありません。

# あなたの愛犬の心は大丈夫？

ちょっと愛犬に留守番をさせて、家に戻ってみると、ソファの足は歯の跡でガリガリ、ゴミ箱はひっくりかえり、ティッシュが部屋中に散乱。部屋の隅にはウンチが！　実はこれ、よく愛犬の『問題行動』と勘違いする人がいますが、必ずしもそうではありません。そこで、考えられるもうひとつが『分離不安』、つまり心の病気です。分離不安は、飼い主に対する依存心が高すぎるために、飼い主が出かけたりして離れると（その関係が分離の危機に陥ると）、異常なほどに不安を感じてしまい、出かける素振りを察知しただけでガタガタと震え出す、トイレ以外の場所で粗相をする、物を噛んだり破壊行動に出る、ウロウロとして落ち着かない、無駄吠えをする、自分の肢など体の一部をしきりに舐める、などの行動がみられます。また、分離不安による問題行動を「ひとりにさせたから、腹いせにやったのね」という解釈をする飼い主がいますが、腹いせとはつまり『復讐』ということになりますが、犬にはそのような心理行動はありません。

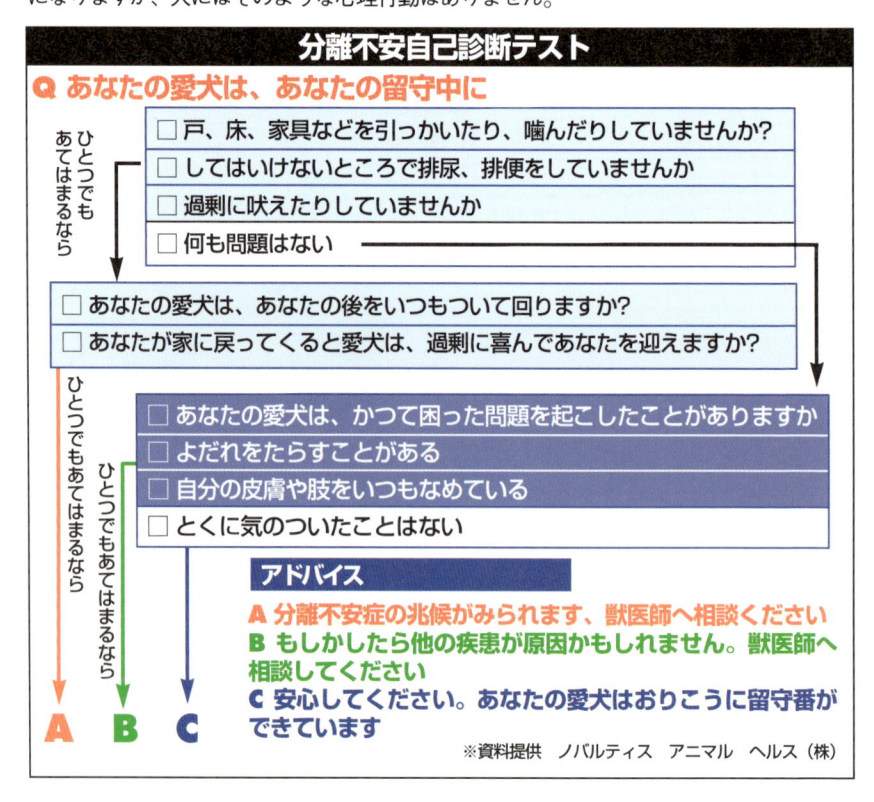

## 分離不安自己診断テスト

**Q あなたの愛犬は、あなたの留守中に**

- □ 戸、床、家具などを引っかいたり、噛んだりしていませんか?
- □ してはいけないところで排尿、排便をしていませんか
- □ 過剰に吠えたりしていませんか
- □ 何も問題はない

ひとつでもあてはまるなら

- □ あなたの愛犬は、あなたの後をいつもついて回りますか?
- □ あなたが家に戻ってくると愛犬は、過剰に喜んであなたを迎えますか?

ひとつでもあてはまるなら → A

- □ あなたの愛犬は、かつて困った問題を起こしたことがありますか
- □ よだれをたらすことがある
- □ 自分の皮膚や肢をいつもなめている
- □ とくに気のついたことはない

ひとつでもあてはまるなら → B

→ C

**アドバイス**

**A 分離不安症の兆候がみられます、獣医師へ相談ください**

**B もしかしたら他の疾患が原因かもしれません。獣医師へ相談してください**

**C 安心してください。あなたの愛犬はおりこうに留守番ができています**

※資料提供　ノバルティス　アニマル　ヘルス（株）

# 8
# 高齢犬と
# おだやかに暮らす

年齢を重ねるとともに、イヌの体調も変化します。
いつまでも健康に暮らすためのノウハウを紹介しましょう。

# いつから高齢犬？

## 高齢になると、体にあらゆる変化があらわれます。

つい先日まで、元気でやんちゃだったのに、最近は寝てばっかり……。　犬の高齢化は人間と比べると圧倒的な早さでやってきます。そして、歳を重ねれば重ねるほど、体にさまざまな変化もみられるようになってきます。高齢とともにやってくる病気は、自然のなりゆきですので、防ぐことはできません。

しかし、飼い主がさまざまな配慮をすることによって、愛犬の痛みやつらさを軽くしてあげることができます。そのためには、愛犬の老化のサインを見逃さないことが大切です。そして、早め早めの対処をしていくようにしましょう。

### 暗闇でぶつかりませんか

もっとも多いのは、暗闇で物にぶつかる、老齢性の白内障になる、といった変化です。大好きなボールを投げても見失う、お気に入りのおもちゃを見せたときに、すぐ反応せず匂いで確認しようとする、耳を立てて音を拾おうとする、など目以外の器官に頼るようになるなども挙げられます。前肢で眼をこするのは、眼が痒い場合ですが、ぼやけて見えなかったりすることもあります。

### 名前を呼んでも反応しない

耳が遠くなったり、まったく聞こえなくなってしまうことも少なくありません。そのほか、外耳炎や中耳炎なども若いときよりなりやすく、耳の中にイボのような腫瘍（良性・悪性あり）ができることもあります。激しく耳を振ったり、掻いたりしたら、一見何もなっていないようでも、獣医師に耳鏡などで見てもらうとよいでしょう。

## 被毛・皮膚の変化

若いころに比べると、毛の艶が落ちます。また、俗にいう毛ぶきも悪くなり、尻尾の一部や眼のまわりなど、脱毛してしまうことがあります。加齢に伴い、新陳代謝も悪くなり、新しい毛が生えてくるのが遅くなったり、毛の伸びも悪くなります。被毛だけでなく、皮膚も張りがなくなってきます。フケが多くなったり、ちょったしたことで化膿しやすくなったり、イボやしこり（良性・悪性あり）などが体のあちこちにできたり、皮膚病にもなりやすくなります。

## 1日中寝ている

1日中寝ていることが多くなります。若いころよりもイビキをかくようになったり、明け方咳き込んだりします。以前は愛犬専用のハウスで一人で寝るのが好きだったイヌが、ベッドに上がり飼い主にくっついて寝たがるようになったりもします。

## おもらしはチェック!!

消化能力が衰え慢性的な下痢を起こしやすくなったり、逆に食の細いイヌなどはさらに食が細くなり、ひどい宿便になったりもします。排尿も同じで、水分の摂取量が減って、尿量が減り、ビールのような濃い尿をしたり、時には血尿が混じったりもします。また、お散歩で排尿をしたばかりなのに、部屋に入りまもなくお漏らしをしてしまうなどというケースも出てきます。

## 何にもしなくなる

何に対しても反応が鈍くなってきます。毎日楽しみにしていた散歩ですら、しぶしぶ「行くの？」となります。若いころの半分も歩かないのに、家に戻りたいと立ち止まったり、階段を上るのを嫌がったり、路地でネコを見かけても追わなくなったり、イヌに出会っても興奮しなくなったり、すべてに対して意欲的でなくなります。

# 食事と運動にこまやかな配慮を

## 食事と運動のバランスを保って、健康維持を心がけましょう。

### 高齢犬の食事にチェンジ

犬も人間と同様に、年老いてくると体型が崩れ、脂肪がつきやすくなります。食事と運動のバランスをとって、これまでの体型を維持させるように心がけましょう。

まず食事ですが、ドライフードを与えている人は、その年齢に合ったフードをセレクトするようにしてください。市販の老犬用ドッグフードには、必要な栄養素だけが含まれているので、安心して利用できます。老化のために、歯が抜けたり、顎の力が弱まっているようであれば、ドライフードは、お湯でふやかすなどして、食べやすくしてあげるといいでしょう。

老犬は食欲にむらがあることが多く、食べないときには、フードに少量の好物を混ぜて、与えてみてください。中年期から老年期になればなるほど、動物性蛋白は低脂肪で良質のものに切り換えていくとよいでしょう。例えば、鶏のささ身や脂肪の少ない赤身の精肉、もしくは白身の魚などがおすすめです。

ただし、好きなものばかりを与えたり、手で与えたりすることは、むら食いを促すことになるので、よくありません。水は、いつでも新鮮なものが飲めるように、こまめに取り替えてあげてください。

### 定期的に健康診断を受けましょう

老犬になると、余計に寒さがこたえます。これまで以上に注意を払い、いつも一定の暖かさが保てる環境にしてあげましょう。また、日頃から、愛犬の健康状態を把握し、少しの異常でも気づいたら、その時点ですぐに獣医師へ相談しましょう。たとえ、丈夫なイヌであっても、定期的に健康診断を受けて、病気の早期発見に努めることをおすすめします。

## 寒い日にはドライシャンプーを

寒くなってくると、老犬の場合はとくに体力が消耗し、風邪もひきやすくなります。シャンプーは月何回とは決めずに、体が汚れたときだけにし、あとは毎日のブラッシングで被毛のケアをしていきましょう。たまにはドライ・シャンプーをしてもいいですね。シャンプー剤を地肌によくすり込んでから、毛根に残ったパウダーをブラッシングしながら、よく落とします。まだ、白く残っているときには、熱く蒸したタオルでていねいにふき取り、湿気が残らないようにドライヤーをかけてあげましょう。

## 無理な運動は禁物

過度な運動をして取り返しのつかない怪我や病気にならないように配慮が必要になってきます 老犬の運動は、体づくりというよりも、精神面でのリフレッシュと考えたほうがいいでしょう。無理がない程度に、朝夕2回くらいにわけて、ゆっくりとしたペースで歩かせましょう。そうすることによって、イヌも気分転換ができ、ストレス発散にもつながります。

けれど、犬が雨の日など、外に出たがらない場合は、無理に運動させようとはせず、犬の気分に合わせてあげましょう。寒さが厳しい日には、室内での遊びを主体にしたほうが無難です。毎日の運動量も成犬期に比べて少なめにし、疲れすぎないようにします。健康な体を維持することを目的にして、適度な運動をさせましょう。

# 高齢犬によくみられる病気

## 病気に関する予備知識があれば、早期発見、早期治療ができます。

高齢犬に多い心臓病

### 僧帽弁閉鎖不全

僧帽弁閉鎖不全をはじめ心臓病になった犬には咳がみられます。乾いたような感じがする咳は、夜中から明け方にかけて集中することが多く、重症の場合は夜通し続きます。

食欲がなくなる
水をたくさん飲むようになる

### 子宮蓄膿症

発情が終了して、主に2～3週間後に、症状が現われてくることがあります。子宮に膿が溜まるためお腹が膨れる閉塞型、膣から膿が出てくる開放型の2つに分けられます。膿の色は灰黄色～赤褐色と差があり、血が混じることもあります。膿には一種独特の嫌な臭いがあります。

後肢が流れるような感じになる

### 関節炎

階段や坂道の昇り降りを嫌がるようになった、歩くのを嫌がる、足をときどき引きずるようになった、運動をしたがらない、前肢と後肢のそれぞれの立ち幅が違っているなどの症状が見られます。

だんだんと進行してくるうちに肢が強張ったり、歩き方がぎこちなかったり、跛行や筋肉が硬直してくるなどの症状がみられます。

水をたくさん飲む、尿の量が増える

### 糖尿病

糖尿病は膵臓から分泌されるホルモンであるインスリンが不足することにより発症します。多くは6歳以上に見られ、高齢犬の場合、メスはオスよりも発生率が高くなっています。

症状としては、水をたくさん飲む、尿の量が増える、食欲増加のわりに痩せてくるなどがあります。糖尿病で注意すべきことは、さまざまな合併症があることです。代表的なものには白内障があり、ひどくなると失明することもあります。

## 目の奥のほうが白くなる
### 白内障

犬は見えづらいため物によくぶつかるようになったり、ボールや動くものが見つけられない、外を歩くときに躊躇する、寝ていることが多くなった、ちょっとした物音に驚くなどの様子がみられるようになります。重度になると失明することもありますので、注意が必要です。

## 昼夜逆転、徘徊行動をとる
### 痴呆

犬の痴呆はこれまで老化現象によるものと考えられてきましたが、最近では病的なものが大きく関与していると考えられています。

夜中に抑揚のない単調な声で吠え続ける、昼夜が逆転して昼間はよく寝ているのに夜になるとごそごそ動き出す、徘徊行動をとるようになり一定方向へ歩き続ける、名前を呼ばれても反応しない、感情表現もあまりなくなる、などの症状が挙げられます。

## その他の病気

- **歯周病**　歯肉が腫れているなどの症状がみられる。全身の健康状態にも影響を及ぼす恐ろしい病気。
- **乳腺腫瘍**　乳房のまわりに固いしこりができる、メスに要注意の病気。
- **精巣腫瘍**　睾丸停滞が関係している。メス化が見られるオス特有の腫瘍。
- **肥満細胞腫**　老犬に比較的多く見られる転移しやすい悪性の腫瘍。
- **変形性脊椎症**　背骨の一部が増殖してしまい、腰痛や跛行の症状が出てくる。
- **膀胱炎・尿道炎**　腫瘍による膀胱炎も見られ、尿道が細菌感染により狭まり、尿が出づらくなる。

# 楽しかった生活をありがとう
## みんな飼い主に感謝して旅立っていきます

どんなに長生きのイヌでも、やがて別れのときがやってきます。
元気で暮らしている日々にはあまり考えたくはないのですが
天国に旅立って行く愛犬をしっかりと見送ってあげたいものです。

### 最後にしっかりとセレモニーを

ペットたちの正しい見送り方、というものはありませんが、仏教思想では、すべての生き物たちに霊が宿っていると考えられていますので、いくつかの仏教寺院では、ペットの供養をきちんとしてもらえます。ちなみにキリスト教では人間の霊と動物の霊は一緒ではないので、教会で供養されることはほとんどありません。欧米の飼い主たちは、このときばかりはとても仏教徒をうらやましがります。そういったお寺で火葬から埋葬までをやってもらう方法もありますし、また、ペット専用の火葬業者に、火葬だけをお願いして、埋葬はお寺でする、といった方法もあります。ただし、お寺にもさまざまなタイプがあって、火葬が合同であったり、埋葬も合同であったりする場合があります。行政での火葬も合同で行われるケースがほとんどなのですが、この合同火葬では、そのコの遺骨を持ち帰ることができません。

また、遺骨を保管できるスペースのある専用仏壇も販売されていますので、遺骨と離れがたい人にとっては、いいかもしれません。遺骨を身近に置いたままにしておくとよくない、あるいは自分の敷地内に埋葬すると成仏できない（ペットを自宅の敷地内に埋葬しても問題はありません）といった考え方がありますが、これは俗説ですので、飼い主のみなさんが、もっとも納得できる方法をとるのがいちばんです。

### 思う存分、ウチのコを見送ってあげること

長年一緒に暮らしたコを失う悲しみは、耐えがたいものです。いつまでもその思いが断ちきれない人もたくさんいます。毎日、毎日とても悲しくて、普通に日常生活が送れなくなってしまう人たちがいます。いわゆる『ペットロス症候群』です。なぜ、そういった心理状況になってしまうのか、精神分析の分野からその原因が語られていますが、悲しい気持ちを止めようとはせずに、思う存分、失ったコのことを考えてあげるのがいちばんの解決策です。一緒に旅行に行ったところに出かけてみたり、楽しかった日々のことを思い出して、泣きたいときに泣くことが大切です。同じ悲しみの体験をした仲間と話しあってもいいでしょう。そういったサークルもありますので、扉を叩いてみるのもいいかもしれません。

仏教では亡くなった動物たちは、みな須弥山（しゅみせん）で暮らしています。そこでは病気もケガもなく、安らかな毎日を送るのだそうです。病気で逝ってしまったコも、今は須弥山で元気に暮らしています。

# 9
# 病気とケガについて

愛犬の健康上のトラブルに直面したときには、
飼い主の適切な判断と応急処置が必要不可欠。
そのためにも、日頃から愛犬の健康チェックを
欠かさないようにしましょう。

# 愛犬の身体検査

## いざというときに大活躍。

### 健康のバロメーターとして

愛犬が体を傷つけたり、具合が悪くなったりするのは、時と場所を選びません。突然のアクシデントに対しては、とにかく冷静さを失わずに、的確な判断と対処が必要不可欠です。緊急時に、とりあえずの応急処置は飼い主さんが行うしかなく、そのためにはもしもの場合に備えて対処法を知っておくことが重要です。

**Point**

まず体に触る前に、犬から離れ、全体的なバランスなども見てみましょう。

**耳**

正常な耳は皮膚がなめらかで、臭いも傷もありません。清潔で乾いており、痛みもほとんどありません。傷やかさぶたがある、赤く腫れている、臭いがする、分泌物が多い、痒がる、痛みがある、などの場合は注意が必要です。

**目**

正常な眼は輝きがあり、適度に潤って澄んでいます。まぶた、瞳孔、白目、結膜などを調べましょう。光沢がない、眼球が乾いて見える、目やにが多い、涙が多い、眼の色の変化、瞳孔の大きさが違うなどは要注意です。

**鼻**

健康な鼻は適度に湿っています。乾いていたり、分泌物が出ていたり、出血がある場合は要注意です。

**口**

歯石だけでなく、歯肉、舌の表と裏側、喉の奥などを見ます。出血や口臭、よだれが多い、できもの、傷、痛みなどがあるようなら要注意です。また、CRTといって、歯肉を指で押して、色が白からピンクに戻る時間を見ます。正常では1～2秒ですが、心臓や血液循環の状態が悪いと、それよりも長くなることがあります。

**腹部**

肋骨の後ろ側から両手で優しく押しながら触ります。脹れた感じや、痛みがないか（触られるのを嫌がる）、極端に腹部が膨らんでいないかをみます。

## 健康チェック

ペットが病気になったとき、その微妙な変化にまず最初に気づいてあげられるのは、そばにいる飼い主さんにほかなりません。ですから、小さな問題でも早期発見できるよう、飼い主さんが日頃から愛犬の体を触ることはとても大切です。

また、普段の正常値を記録しておくと、とても役に立ちます。毎日の同じ時間に、なるべく愛犬がリラックスしている状態のときに、何げなく体を触りながらしこりなどがないかを確認し、あわせて呼吸や心拍数を調べます（調べた数値は、P129の表に書き込んでおいてください）。

大好きなあなたに触れられていれば愛犬もうれしいでしょうし、スキンシップに最適な時間になるはずです。

## とくに注意したいチェックの項目

右のページで紹介しているチェック項目の他に、フレブルだからこそ、とくに注意をしてチェックをしておきたい事柄について紹介をしていきます。

**●吐く**

犬はよく吐くのですが、何度も吐いたり、吐いた後に気持ち悪そうにしている場合には、何らかの病気が考えられます。激しい嘔吐をしているような場合には、異物を飲み込んだり、胃捻転など、早急な処置が必要なケースもあります。

**●皮膚と被毛**

意外に弱いのが、フレブルの皮膚です。しかし短毛が密生しているために、注意をしていないと、初期の皮膚病を見逃してしまうケースがあります。ブラッシングをしてフケが出ている場合、あるいは被毛にフケなどがついている場合には、被毛を根元までかき分けてチェックするようにしてみてください。フケは皮膚病の初期症状であったり、あるいは治った跡であったり、いろいろなケースが考えられます。また、フケによく似た形態をしたダニが寄生していることもあります。ホルモン系の病気が原因で、皮膚に異常が起きたり被毛がカサカサしてくることもあります。皮膚病とひとくちでいっても、その原因はさまざまです。いずれにしても、皮膚病の原因はさまざまなものが考えられますので、早期に発見をして獣医師に診断をあおぐようにしましょう。

**●歩き方**

歩き方がおかしかったり、歩くのをイヤがる場合には、関節系の病気が疑われます。膝蓋骨や脊椎の病気が原因によるケースが考えられます。また、神経系の病気が原因で歩行がふらつくこともあります。

**●発作やけいれん**

発作やけいれんなどが起こったら、必ず、脳・神経系の病気を疑ってみてください。発作の場合、それがおさまってしまうと、ケロリとして普段と同じに戻ってしまうことが多いのですが、動物病院できちんと診断を受けなければなりません。フレブルでは脳神経系の病気が原因となるてんかんやけいれんが診られますので、とくに注意が必要です。

**●咳やクシャミ**

咳やクシャミが止まらない場合には、のどや気管支が炎症を起こしていることが考えられます。フレブルはとくに呼吸器系に問題が多く発生する犬種ですので、咳やクシャミがなかなか止まらない場合には注意が必要です。また、長続きする咳の場合には、心臓疾患が原因であることも考えられます。

# 毎日のボディ・チェックで病気を早期発見

## 愛犬の健康を守るのは飼い主の役目。早期発見は、飼い主の義務です。

病気の多くは、早期発見によって予防することが可能です。早期発見を心がけ、日頃から愛犬のボディ・チェックを欠かさずに行いましょう。

また、もしものときの緊急の治療方法のことを『ファースト・エイド』と言います。突然のアクシデントに襲われた場合、この初期治療が健康の回復にとても重要な意味を持ちます。しかし、これはあくまでも緊急的なものですので、あとで必ず動物病院へ連れて行ってきちんとした治療を受けてください。

### チェックをする場所

**耳**

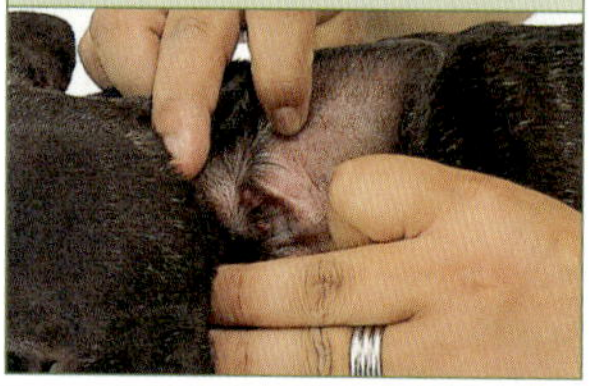

#### いつもと違う臭いは要注意

外耳炎などの病気が増えています。耳をかゆがったり、しきりに気にするようでしたら、何らかの病気が考えられます。そうならないように普段からこまめにチェックするようにしましょう。耳をのぞいてみて、赤味がかかっていたら、注意信号です。

**目**

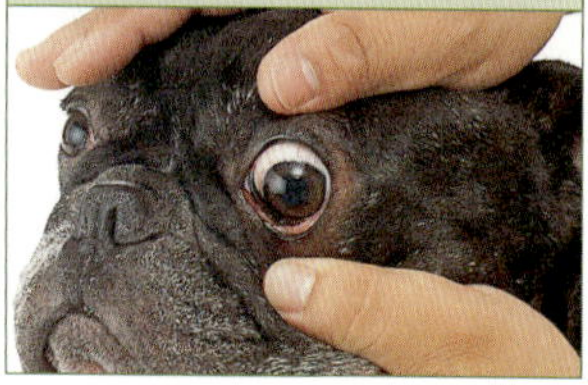

#### 意外と多い結膜炎。病気のサインのことも…

人間の目線では非常にわかりづらいのですが、イヌは散歩中や室内で遊んでいるとき、ゴミや異物を目に入れてしまうことがよくあります。充血していないか、角膜に傷がないかなどのチェックが必要です。

**口**

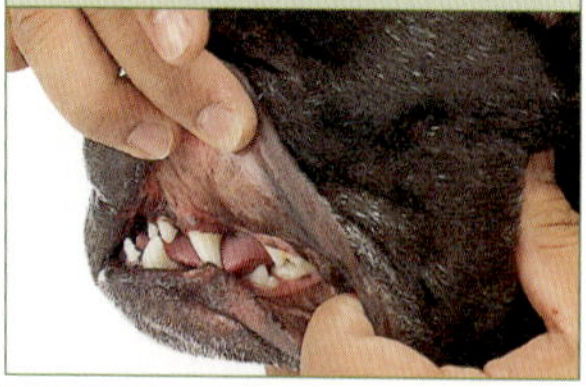

#### 歯周病は万病の元！

小型犬に圧倒的に多いのが歯周病。人間と同じで歯茎が赤く腫れ上がり、やがて歯が抜けてしまいます。口臭がするようなら、まずは歯周病を疑ってみてください。初期の歯周病ならば、ブラッシングや獣医師による歯垢除去で十分に完治させることができます。早めの発見は普段のチェックにかかっています。

**肛門**

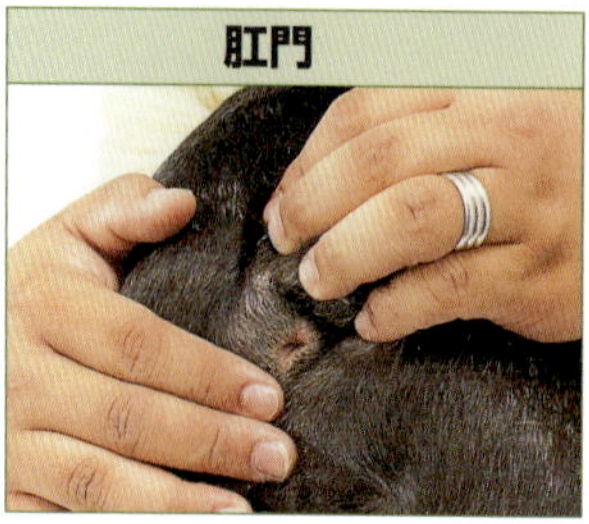

#### お尻をズリズリ。肛門は大丈夫？

肛門やお尻をズリズリと引きずっている愛犬の姿を見たことはありませんか？　これは、お尻の具合が悪いときに行う行動です。肛門嚢が炎症を起こしていたり、下痢気味、便秘気味のときなどによくこのしぐさをします。こんな場合はお尻のチェックをしてください。感染した肛門嚢をほうっておくと、破裂してしまう恐れがあります。

## もしものときの処置の方法

どんなに注意をはらっていても、緊急事態に陥ってしまうことがあります。犬によく見られる代表的なアクシデントの対処方法を紹介しましょう。

### ●目に異物が入った

まず、その異物を指で取るか水で洗い流します。その後イヌが痛がるようであれば、冷水で冷やしたガーゼなどを目にあてます。

### ●のどにボールなどがつまった

この場合には、二人の人間が必要です。まず、一人目の人が、鼻をふさがないように注意をしながら一方の手で口を大きく開けます。そしてもう一人の人が口の中から異物を取り出します。手が入らない場所では、ペンチや料理用のトングなどを使って取り出すようにします。

### ●交通事故に遭ってしまった

交通量のある場所ならば、一番最初にすることは車の通行を止めることです。激しくぶつかっても、イヌは突然走り出すことがありますので、二重の事故を防ぐことがとても重要です。

その後で犬を安全な場所に移動し、ケガの具合を調べます。

### ●感電してしまった

すぐにしなければならないのは、『電源を切る』ことです。手で触ることができない場合にはホウキの柄などを使って切ります。呼吸が停止しているようであれば、人工呼吸とともに心臓マッサージをしなければなりません。

### ●ヤケドをしてしまった

ヤケドをした周辺の毛をすぐに刈り、冷水をかけるようにします。軽いヤケドであれば患部に抗生物質などを塗って様子をみてください。熱した油をかぶったような重度のヤケドの場合には、すぐに獣医師に見せなければなりません。

## 上手な薬の飲ませ方

フィラリアの予防薬や、病気治療の薬をスムーズに飲めるようにしておきましょう。

日頃からスキンシップを兼ねて、仰向けにする練習をしてください。犬がリラックスをしているときや、遊び疲れているときを選ぶと比較的うまくいきます。こうすることによって、薬を飲ませるときなどスムーズに行うことができます。

犬が口を嫌がらずに開けさせてくれるよう、最初のうちは犬の好きなオヤツ（チーズ等）を使い、良い印象を与えておきます。

## とくに注意したい熱中症

フレブルは暑さにはかなり弱い犬種です。とくに梅雨時期から夏の間、散歩時間、遊びに行く場所、室内での過ごし方などに注意をしなければいけません。ちょっとくらい大丈夫…なんて思って気温の高い場所にいると、あっという間に熱中症や熱射病になってしまうのです。他の犬種は元気なのに、フレブルだけが…というケースもよくあります。

いつも以上にあえいでいたり、歯茎の色が赤くなっていたら、それはもう熱中症です。すみやかに冷たい水をかけて体温を下げてください。水をかけられない場所であれば、冷やしたタオルや冷えた液体が入ったペット・ボトルを足の付け根にあてるだけでも効果があります。

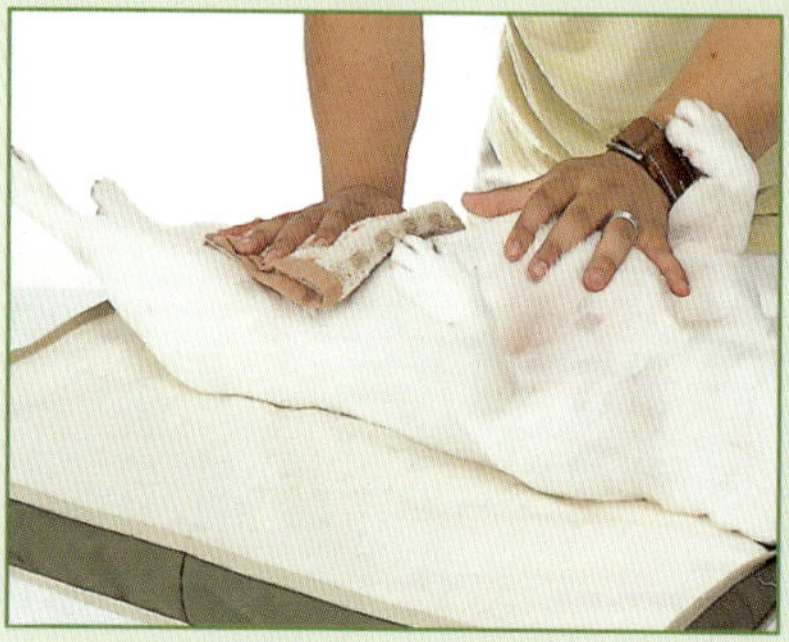

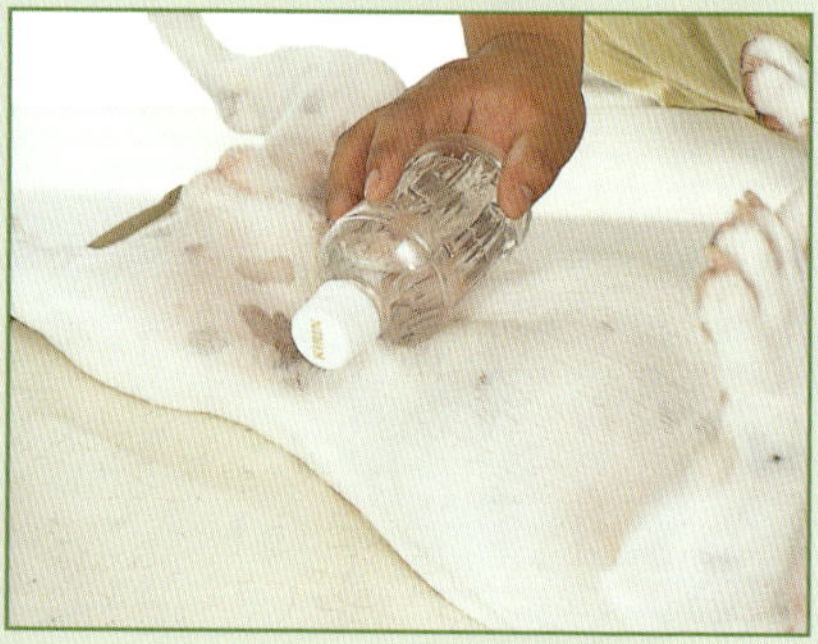

## 救命措置　人工呼吸と心臓マッサージ

危機的な状況になったら、迷わず救命措置をしなければなりません。救命措置とはどんなものかというと、人間同様、心臓マッサージ（CPR）と人工呼吸になります。この処置のお陰で命が救われたケースも数多くありますので、方法をおぼえておきましょう。

### 心臓マッサージ（CPR）

犬を横たえて、親指とその他の指で胸部をはさむようにしてマッサージをします。もう一方の手は背中を支えます。このマッサージを毎分120回のペースで行います。

人工呼吸と心臓マッサージは、CPRを15秒間行い、人工呼吸を10秒間行うようにします。さらに、常に脈拍をチェックして、もし脈拍が戻ったら人工呼吸のみにします。

心臓マッサージと人工呼吸を同時に行なっています

### 人工呼吸

まず『気道の確認』をします。のどを大きく開けて、気管につまっているものがないかを確認します。次に犬の口をしっかりと閉じて、犬の鼻に口をあてて、胸部がふくらむまで息を吹き込みます。このとき、手は口をしっかりと押さえて、口から空気が漏れないようにします。肺に空気がいったら、口を持つ手を離します。すると肺は収縮します。この作業を毎分10〜20回程度繰り返します。さらに10秒ごとに脈拍をチェックし、心臓が動いているかを確認します。

## 中毒の応急処置の方法

日常で起こるアクシデントは事故やケガばかりではありません。中毒による事故も考えられます。『中毒』と聞くと、チョコレートや玉ネギなどの食物の中毒ばかりを考えてしまいますが、身の回りにある他の物による中毒もあります。

食べてしまった物によって対処方法が異なるため、まず、何を食べてしまったかを確認することが大切です。そして動物病院で食べた物の内容をしっかりと伝えます。もし、持っていくことのできる物であれば、持っていったほうがより適切な対処をすることができます。とくに中毒では飼い主の報告が治療に大きな影響を及ぼすのです。また、中毒症状が発生してから、どのくらいの時間が経過したのかも重要ですので、犬の症状も時間軸を追ってメモをしておくようにしましょう。

**●玉ネギ中毒**

尿がぶどう酒のように赤くなり、心臓の鼓動が早くなります。一般には体重1キロに対して15～20gの玉ネギで中毒症状が出るといわれていますが、症状が出ないイヌもいます。

**●チョコレート中毒**

症状が重くなると、震えやケイレンが起こり、6～24時間で死亡してしまうケースもあります。ただし、中毒を起こすほど大量に食べることはあまりありません。

**●植物中毒**

野山に自生する植物にも、食べると中毒症状を起こすものがあります。なかには死に至る中毒もありますが、犬には植物に対する嗜好性はあまりないので、大事故になるケースはまれです。

**●酸、アルカリ、石油化学製品など**

吐かせてはいけません。オキシドールなどの吐剤を用いてもいけません。そのままの状態で動物病院へ。

### 誤嚥にも注意

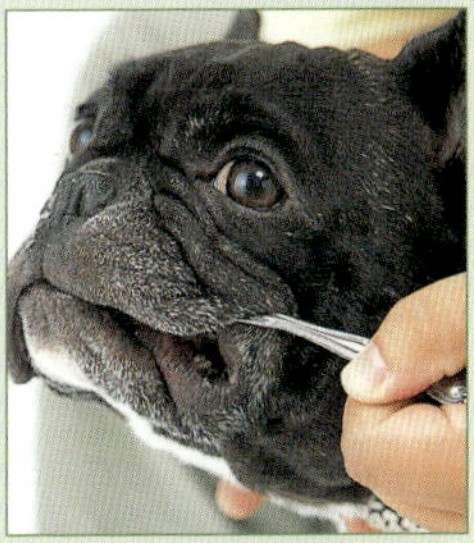

何か異物を飲み込んだ場合、消毒用オキシドールや過酸化水素水を写真のようにスプーンやシリンジ（注射器の針がないもの）を使って喉に流し込んでください。ただし、この方法は犬の意識がある場合のみ行います。

### 爪がはがれてしまった

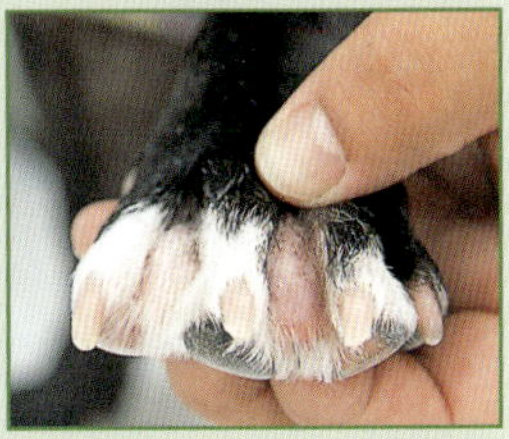

アウトドアで遊んだ際に多いのが、爪をはがしてしまったなどの爪のトラブルです。もしはがれてしまったら傷口を消毒し、しばらくの間は包帯を巻いておきます。ただ化膿の恐れもありますので、はがれた部分が腫れてきたりするようであれば動物病院で診てもらいます。

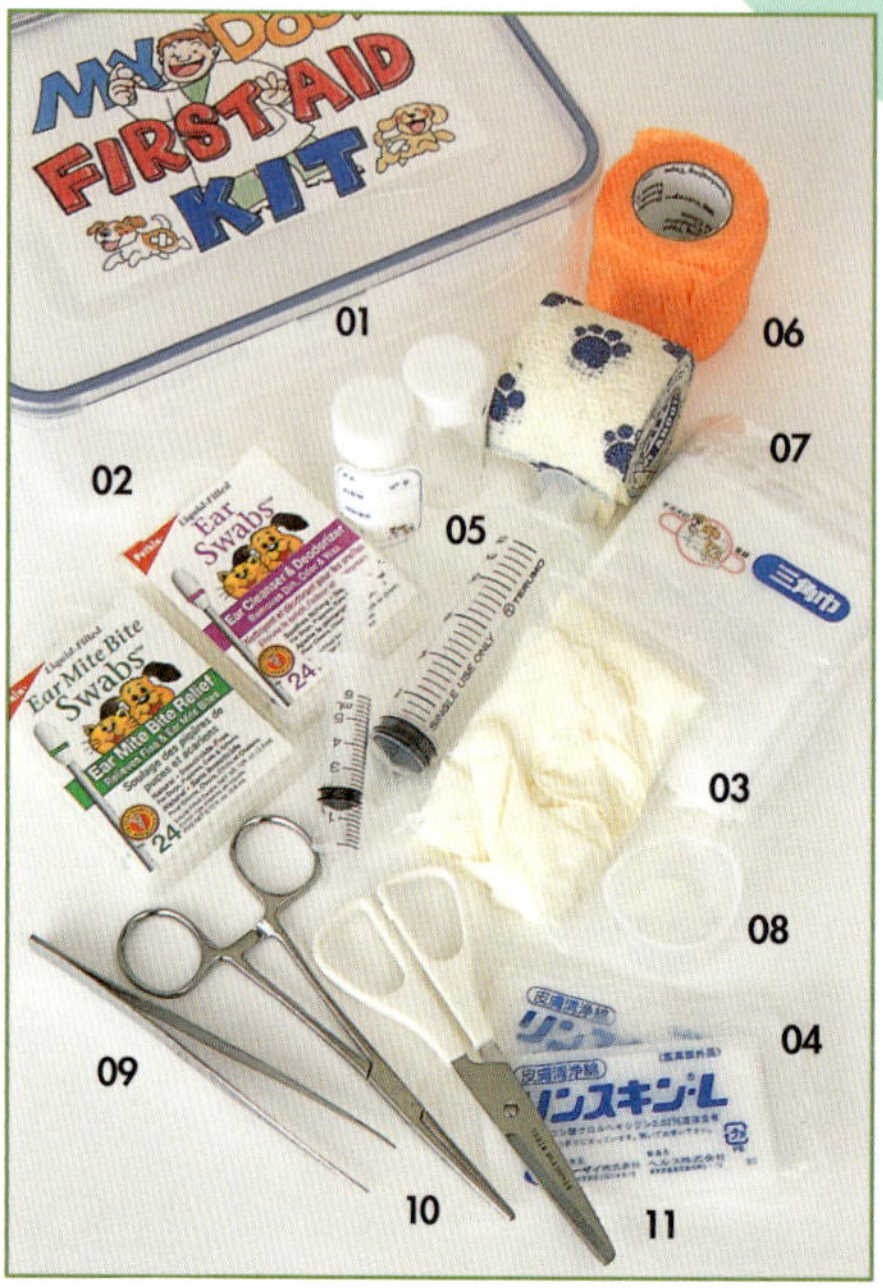


# 救急箱を用意しよう

犬のケガやアクシデントは突然やってくるもの。そんな緊急事態のために、愛犬用の救急箱を用意しておくと、とても役に立ちます。常用している薬があれば、予備のものを救急箱にも必ず入れておきましょう。

## 救急箱の中身

※この他にも体温計やピンセット、携帯ティッシュなども入れておくとさらに安心です！

01 保存ビン
嘔吐物・便などの保存に使うビン。わかりやすいよう透明のものを選ぶようにしましょう。

02 消毒液付き綿棒
こちらは消毒液がついている綿棒ですが、通常の綿棒でもＯＫです。小さな傷口の手当てに使います。

03 ゴム手袋
吐いた物や汚物を拾うときなど、意外に重宝するのがゴム手袋。

04 皮膚洗浄綿
水がない場所で、切り傷などを洗浄したいときに便利。

05 シリンジ
注射器の針がない状態のものです。液薬を飲ませるときや、吐かせるときに役立ちます。大小揃えておくと便利です。

06 ペット用包帯
動物病院で使用しているペット用の包帯がいいでしょう。包帯同士を重ねることによってくっつくため、ほつれにくく、毛の長いイヌでも簡単に包帯ができます。テーピング代わりにもどうぞ。

07 三角巾
サイズが大きいので、ガーゼにも、カットして口輪や、止血帯などにも、使い回すことができます。

08 テープ
医療用のテープ。ガーゼなどを貼るときや固定したいときに使います。

09 ピンセット
消毒液がついた布やガーゼを取り替えるときに使います。

10 鉗子
耳の手当てに使います。脱脂綿を巻いて使用してください。

11 ハサミ
包帯をきるときやガーゼをカットするときに便利です。

# 身体検査チェックリスト

普段の愛犬の健康状態をチェックして、表に書き込んでおきましょう。
動物病院に連れて行った際にも役立ちます。

## 身体検査チェックリストと記録

| | |
|---|---|
| 誕生日 | 年　　月　　日 |
| 性別 | ♂　♀ |
| 避妊・去勢手術 | 有　無 |
| 飼育環境 | 室内　室外 |
| 最新のワクチン歴 | |

| | |
|---|---|
| 歩き方や姿勢 | |
| 鼻 | |
| 眼 | |
| 耳 | |
| 口の中 | |
| 呼吸 | |
| 体温 | |
| 心拍数 | |
| 全体の皮膚 | |
| 脱水の評価 | |
| 胸部と腹部 | |
| 肛門やペニス、陰部の周囲 | |
| 足先（前後） | |

## 身体検査チェックリストと記録

| | |
|---|---|
| 体重 | |
| 安静時の心拍数 | 回／分 |
| 安静時の呼吸数 | 回／分 |
| 直腸体温 | |
| 粘膜の色 | |
| 現在の病気 | |
| 受けている治療（通院回数や薬の名前など） | |
| その検査値 | |

## うんちに異常がある

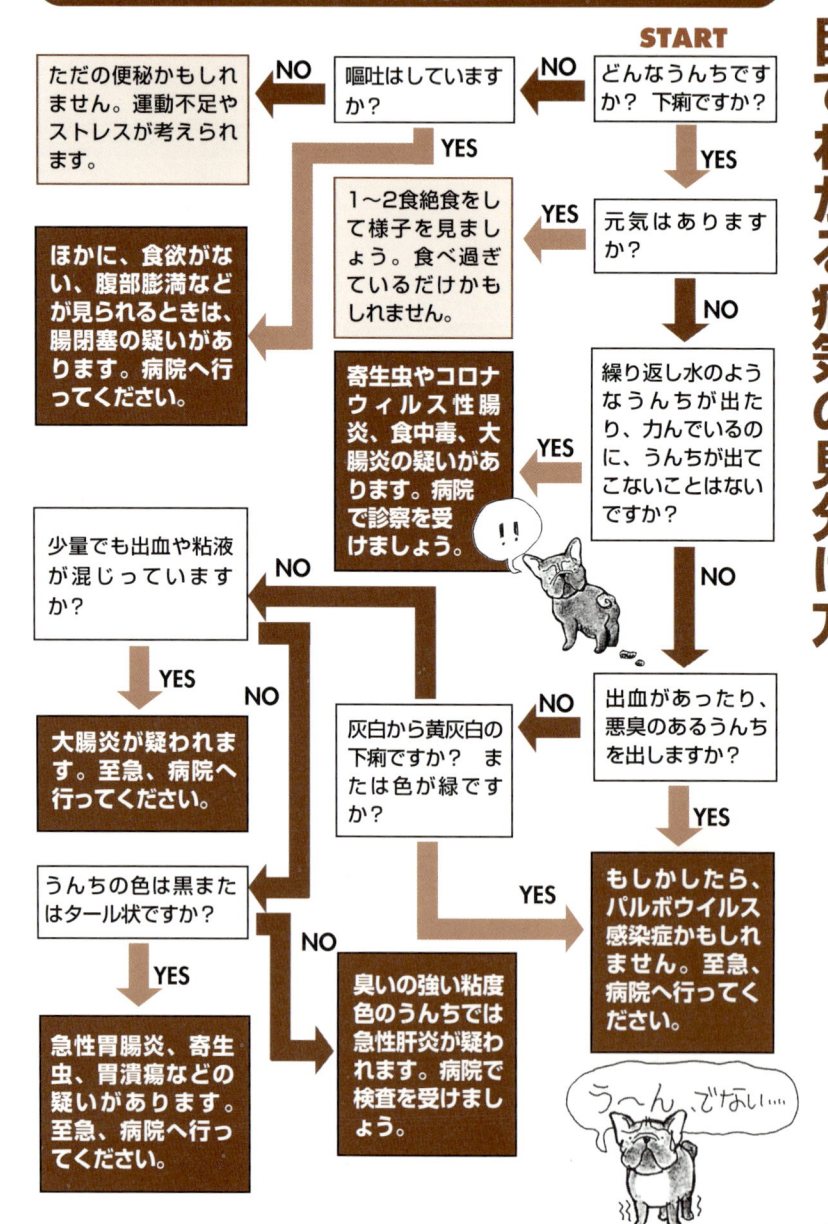

START

どんなうんちですか？ 下痢ですか？

NO → 嘔吐はしていますか？

NO → ただの便秘かもしれません。運動不足やストレスが考えられます。

YES → ほかに、食欲がない、腹部膨満などが見られるときは、腸閉塞の疑いがあります。病院へ行ってください。

YES → 元気はありますか？

YES → 1〜2食絶食をして様子を見ましょう。食べ過ぎているだけかもしれません。

NO → 繰り返し水のようなうんちが出たり、力んでいるのに、うんちが出てこないことはないですか？

YES → 寄生虫やコロナウィルス性腸炎、食中毒、大腸炎の疑いがあります。病院で診察を受けましょう。

NO → 出血があったり、悪臭のあるうんちを出しますか？

YES → もしかしたら、パルボウイルス感染症かもしれません。至急、病院へ行ってください。

NO → 灰白から黄灰白の下痢ですか？ または色が緑ですか？

YES → もしかしたら、パルボウイルス感染症かもしれません。至急、病院へ行ってください。

NO → 少量でも出血や粘液が混じっていますか？

YES → 大腸炎が疑われます。至急、病院へ行ってください。

NO → うんちの色は黒またはタール状ですか？

YES → 急性胃腸炎、寄生虫、胃潰瘍などの疑いがあります。至急、病院へ行ってください。

NO → 臭いの強い粘度色のうんちでは急性肝炎が疑われます。病院で検査を受けましょう。

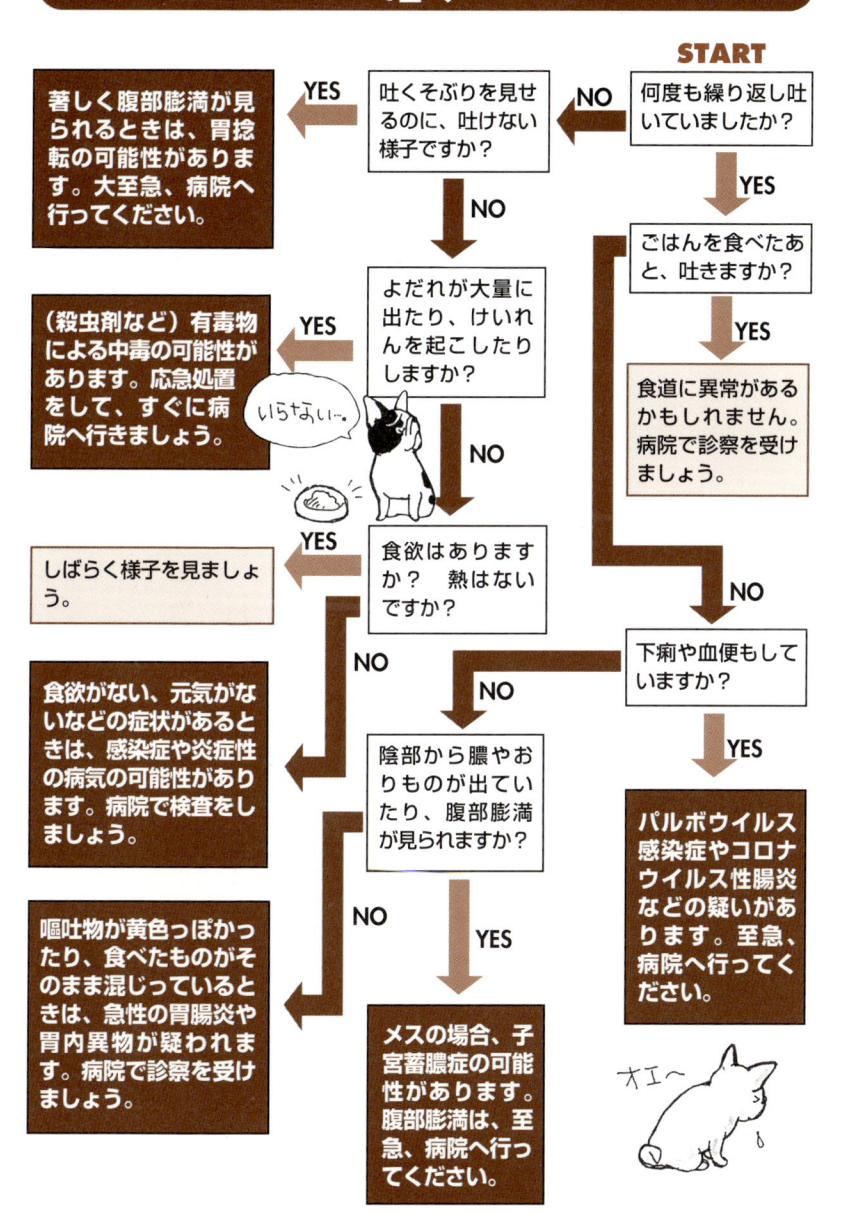

# 吐く

START

何度も繰り返し吐いていましたか？

NO → 吐くそぶりを見せるのに、吐けない様子ですか？

YES → 著しく腹部膨満が見られるときは、胃捻転の可能性があります。大至急、病院へ行ってください。

NO → よだれが大量に出たり、けいれんを起こしたりしますか？

YES → （殺虫剤など）有毒物による中毒の可能性があります。応急処置をして、すぐに病院へ行きましょう。

NO → 食欲はありますか？　熱はないですか？

YES → しばらく様子を見ましょう。

NO → 食欲がない、元気がないなどの症状があるときは、感染症や炎症性の病気の可能性があります。病院で検査をしましょう。

YES → ごはんを食べたあと、吐きますか？

YES → 食道に異常があるかもしれません。病院で診察を受けましょう。

NO → 下痢や血便もしていますか？

YES → パルボウイルス感染症やコロナウイルス性腸炎などの疑いがあります。至急、病院へ行ってください。

NO → 陰部から膿やおりものが出ていたり、腹部膨満が見られますか？

YES → メスの場合、子宮蓄膿症の可能性があります。腹部膨満は、至急、病院へ行ってください。

NO → 嘔吐物が黄色っぽかったり、食べたものがそのまま混じっているときは、急性の胃腸炎や胃内異物が疑われます。病院で診察を受けましょう。

# 伝染性の病気を予防するには

## 予防注射をきちんとしなければならない理由。

楽しい生活を送るために必要なものは、おいしいおやつや、カッコイイ車や、ブランドの洋服ではありません。何よりもまず、健康な体です。

イヌにもいろいろな病気があります。病気の種類によっては、しっかりと予防さえしていればなんの心配もないものもあれば、どうしても予防ができない病気もあります。ただこうした病気でも早期発見に努めれば、ひどい状態になる事態を避けることもできますし、完治させることも可能になるのです。そのためには、まず、飼い主に病気の知識がなければなりません。

そこで、ここから病気のいくつかを紹介していきますが、わかりやすいように3つのカテゴリーに分けてみました。

1 伝染性の病気　主に予防注射で感染を予防する病気です。

2 気になる病気　一般的にどんな犬種でも見られる病気ですが、フレブルの場合も日頃から気をつけておきたい病気です。

3 特異的な病気　多くの犬種で見られる病気のなかから、フレブルだからこそとくに注意をしなければならないものを取り上げてみました。

### 狂犬病

狂犬病ウィルスの感染によって起こる病気で、人にも感染します。発症するとほぼ１００％の確率で死に至るため、世界各国でまん延を防ぐ取り組みが模索されています。日本では１９５７年以降、犬での発症の報告はありませんが、小動物や海外から帰国した人での発症例があり、現在でも予防注射による感染予防の活動が行われています。

### ジステンパー

感染してしまうといろいろなかたちで症状が現れます。発熱、目やに、鼻汁といった症状が出ますので、最初は風邪と勘違いをする人もたくさんいるようです。進行すると神経がおかされてしまい、死亡するケースもあります。

### 犬伝染性肝炎

感染した犬の尿、便、食器などを介して感染します。軽い症状から重篤な症状まであって、一般的には約1週間の潜伏期間のあとで、高熱を発症します。

## パルボウィルス感染症

子犬の頃に感染すると非常に致死率が高くなります。感染力も強いので、この病気の名前は飼い主なら1度は聞いたことがあるでしょう。症状は胃の粘膜がただれる消化器型と、急性心不全となる心筋炎型とがありますが、日本ではほとんど消化器型のタイプが発症しています。突然激しい嘔吐があり、下痢を繰り返して脱水症状を呈します。

## レプストピラ症

感染すると腎炎が起こり、尿毒症になります。さらに進行すると、嘔吐、下痢、血便などの症状が見られるようになります。

## パラインフルエンザ・ウィルス（ケンネルコーフ）

気温の変化が激しい季節に発症が見られる病気で、アデノ・ウィルスなどのウィルスが気管に感染し、そこに細菌が二次的に合併感染をして、激しい咳が出ます。症状としてはただ咳だけをする場合と、食欲不振、元気消失となってしまう重篤なケースとがあり、これに合併症が加わって死亡するケースもあります。

## フィラリア症

蚊の媒介によって発症する病気です。フィラリアが寄生した犬から蚊が血を吸って、感染していきます。この寄生によって心臓に負担がかかり、心臓肥大や肝硬変などの症状がイヌに現れるようになります。初期の症状は軽い咳程度のものですが、次第に運動をイヤがるようになり、どんどんと痩せていきます。

| 種類 | 狂犬病予防接種 | 混合ワクチン | フィラリア症 |
|---|---|---|---|
| 特徴 | 狂犬病予防薬の接種です。法律で飼い主に義務づけられているものです。 | 主に5種と7種のワクチンがあります。どの感染症に効力があるのかは、獣医師に聞くと教えてもらえます。 | 体内に寄生しているミクロフィラリアを殺す内服薬です。ただし、すでに心臓に寄生しているフィラリアの駆除はできません。 |
| 時期 | 生後3ヵ月後に第1回目の接種をして、その後は毎年4月頃に定期的に接種をします。地元の行政に畜犬登録をすると毎年、どこで接種を行うかの連絡が届きます。 | 生後2ヵ月頃に1回目、3ヵ月頃に2回目の接種をし、その後は年に1回ずつ接種をします。ペンションやドッグランなど、この接種証明書がないと断られることがあります。 | 関西以北（地域によってスタートが異なります）ですと、大体4月にフィラリアの検査をしたあとで、毎月1回ずつ内服薬を秋頃まで服用していきます。 |
| 料金 | 初回は登録費用を含めて6,000～7,000円。2回目以降は3,000～4,000円程度です。 | 5種は5,000～7,000円、7種は8,000～9,000円前後ですが、事前に身体検査をする病院、初診料が必要な病院もあります。 | 1回分の内服薬は1,000～5,000円程度です。フィラリアの薬は犬の体重によって分量が決まりますので、料金に幅があります。 |

# 気になる病気を知っておこう

## 正しい知識をもとに、とにかく病気を早く発見すること。

前のページで紹介している病気に関しては、きちんと予防接種を受けたり、定期的に予防薬を飲むことによって、未然に発病を防ぐことができます。

そしてここからは、フレブルに比較的多く診られる病気、そしてとくにフレブルで注意をしなければならない病気について紹介をしていきます。

これらの病気の中には、遺伝的に発生する病気があります。病気の遺伝子を親などから引き継いでいるものです。病気によっては、その遺伝の法則が明解になっているものもあれば、明らかではないけれど、その家系でよく発症している、というものもあります。いずれの場合も共通していえるのは、発症の予防がほとんどできないということです。病気をきちんと理解して、正しい処置をしてあげるようにしましょう。

### フレブルのかかりやすい病気

# 目の病気

## 突出している眼。いろいろ注意が必要です。

### ■眼瞼内反症《がんけんないはんしょう》・眼瞼外反症《がんけんがいはんしょう》

瞼が先天的、または重度の結膜炎や外傷などによって内側に曲がりこんだ状態が内反症です。軽度であれば睫毛を丹念に抜くことによって病気の進行を防げますが、重度の場合には外科手術で治療します。

逆に外反症では瞼が外側にまくれ出てしまいます。外反症では眼球を傷つけることはあまりありませんが、目やにや流涙症などの症状が見られることがあります。やはり重度の場合には手術で治療します。

### ■角膜炎・角膜潰瘍

角膜の部分が炎症を起こしている状態を言います。さかさまつげや外傷によるものなど、さまざまな原因が考えられ、症状としては、結膜充血や、目やになどがあります。処置が早ければ、通院治療で治癒しますが、病気が進行している場合には、手術によっての治療となります。

### ■流涙症《りゅうるいしょう》

一言でいうなら、いつも涙が流れている病気です。涙があふれている眼はウルウルしてキレイな眼のように思ってしまいますが、大きな間違いです。まず、涙の量が多いので、眼の下が涙やけをしてしまいます。この涙やけが原因で、その部分が湿疹を起こしてしまうこともあるのです。フレブルは皮膚が弱い犬種ですので、とくに湿疹を起こしやすい傾向にあります。さらにそのままにしておくと、結膜炎や角膜陥没といった、眼の病気を併発してしまう恐れがあります。さまざまな原因が考えられますが、眼そのものでなく、鼻に原因がある場合もあります。治療方法も原因によって異なりますので、獣医師に相談をして、原因を突き止めることが重要です。

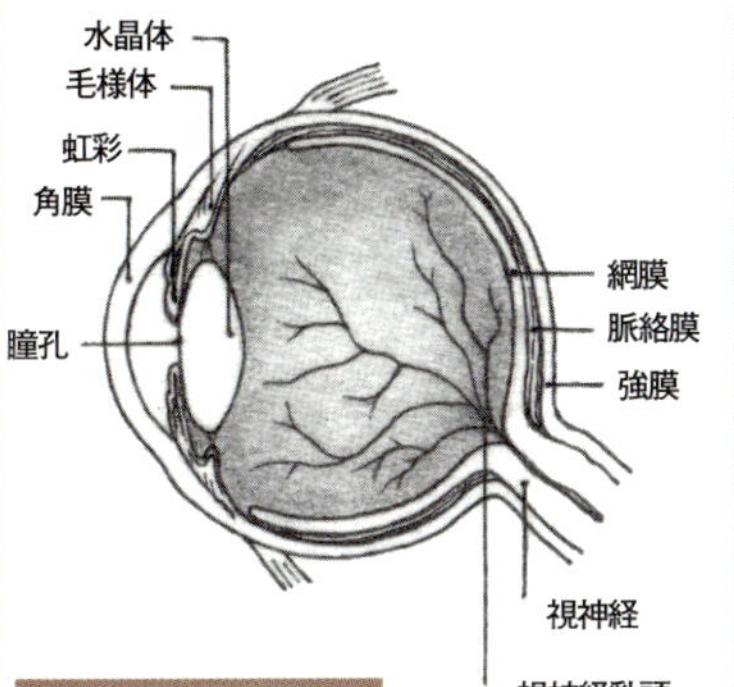


眼球の解剖図

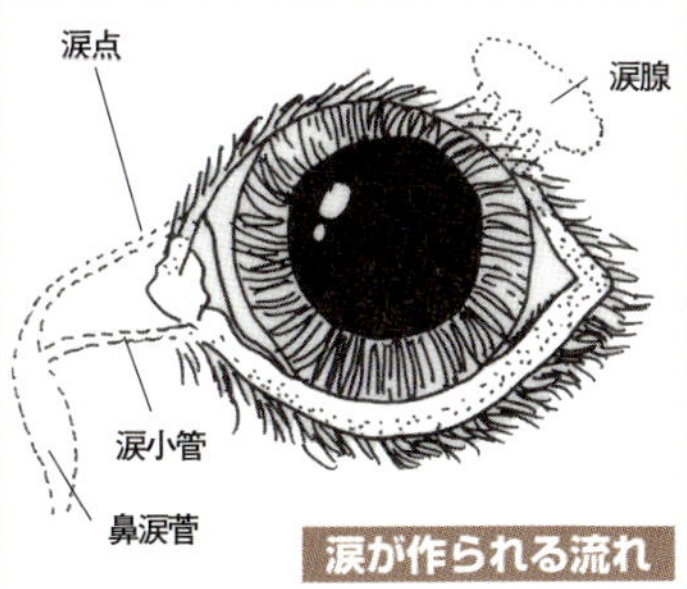


涙が作られる流れ

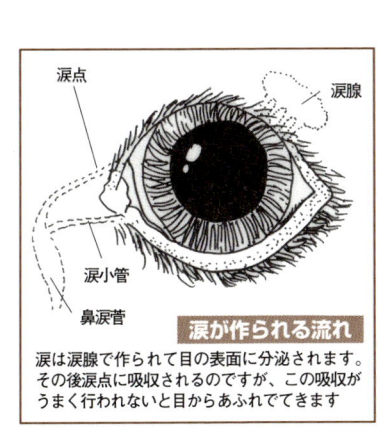

涙は涙腺で作られて目の表面に分泌されます。その後涙点に吸収されるのですが、この吸収がうまく行われないと目からあふれでてきます

## 皮膚の病気

### ■膿皮症《のうひしょう》

　皮膚が部分的に赤くなり、その部分がかゆくなる病気です。初期の頃は単に皮膚が赤くなるだけなので、あまり気にはとめないのですが、かゆみがひどいため、犬がひっかいたりなめたりすることから、一気に患部が広がってしまうこともあります。一晩で患部の毛がごっそりと抜け落ちるケースもあります。

　免疫力の低下、慢性皮膚病、ホルモンの病気、栄養不良などが原因となって皮膚の抵抗力が低下し、常在菌を含めた菌類が異常繁殖をするのが、この病気です。とくに夏場に起こりやすく、症状が進むと患部が腫れ上がったり、うみを持ったり、ときには発熱することもあります。

　皮膚の表面だけが感染しているようであれば、薬用シャンプーをし、抗生物質を投与することによって細菌の増殖を抑えますが、皮膚の深部にまで細菌が入り込んでいる場合には、抗生物質だけでは治療できないこともあります。このようなケースでは、他の病気も併発していることがありますので、慎重に診断をして、病気に合った治療をすすめます。

### ■脂漏症《しろうしょう》

　ホルモンの異常、栄養のかたより、アレルギーなどが原因となって、皮膚の脂分が異常に分泌されたり（油性脂漏症）、皮膚の角質化が過度に進む（乾性脂漏症）病気です。

　油性の場合は体臭がきつくなったり、皮膚がべとついて脂っぽくなったりします。乾性の場合には皮膚が乾燥してフケが出るなどの症状があらわれ、ときには発疹や脱毛などの症状があらわれることもあります。

　さまざまな原因がありますので、治療にはその原因をつきとめることが重要になります。たとえば食事が原因の場合には、食生活の改善が必要ですし、寄生虫が原因であれば、まず、寄生虫を除去しなければなりません。対症療法としては、油性の場合には抗脂漏シャンプーでの薬浴、乾性の場合には保湿のためにシャンプーのあとに皮膚軟化リンスを使うこともありますが、いずれにし

### 『血友病』について

　フレブルでは、遺伝性疾患のひとつに『血友病B』が報告されており、フレブルの特有病として紹介されている場合があります。血友病とは血液を凝固させる因子が先天的に欠乏している病気です。血液を凝固させる因子は10種類以上ありますが、このうち第８因子が欠乏しているものを血友病A、第９因子が欠乏しているものを血友病B（クリスマス病）と言います。獣医学関係の専門書籍では、フレブルにおいてBだけでなくAも発生が認められている家系がある、という記述があります。外傷などによる出血が止まらなくなる病気ですが、現在のところ、多くの発症例は報告されていません。

ても、獣医師の指導の元で行います。

## ■アレルギー性皮膚炎

アレルギー性皮膚炎とは、アレルゲンが原因となって引き起こされる皮膚炎のことです。アレルゲンには、ノミ、ダニ、食事、花粉などさまざまな物が挙げられます。その原因によって、症状も治療方法も異なりますので、まず、何がアレルゲンなのかを解明することが大切です。

一般的には皮膚炎は赤く発疹が出るのが初期症状で、段階を追うごとに発疹が広がったり、皮膚がはがれたり、びらんになったり……というように進行していきます。進行の仕方も皮膚炎の種類によって異なりますので、単なる発疹でも、常にチェックをしておきます。右にある表でわかるように、原因によって、皮膚炎症が出る場所はおおよそ決まっていますので、これによっても、何が原因によるアレルギーなのか、大体の予測はつきますが、やはり正確に知るためには検査が必要です。

### 『口蓋裂《こうがいれつ》』と『口唇裂《こうしんれつ》』

口蓋は胎児のときに右側と左側が癒着するのですが、これがうまくつかないですき間ができている状態を口蓋裂と言います。ここがついていないと口腔と鼻腔がつながってしまうために、呼吸がうまくできなかったり、上手に飲み込めなかったりします。口唇裂は上唇と鼻の融合線、上顎の融合線の変形にるよる顔面奇形です。いずれも生後3ヵ月位までの発症ですが、さまざまな程度のものがあります。軽い場合にはその部分を掻爬して肉芽の増生を待ちますが、重い場合には手術で縫合します。遺伝因子が発見されていないので、遺伝性疾患と確定はしていませんが、同じ家系で発生しやすい傾向にあります。

### 皮膚病の好発部位

| 部位＼病名 | ノミアレルギー | アトピー | 毛包虫 | 膿皮症 | マラセチア | 疥癬 | ホルモン異常 |
|---|---|---|---|---|---|---|---|
| 目 | | ● | ● | | | ● | 胴体から脱毛する。甲状腺ホルモンの量が少なくなると、左右対称に脱毛することがある。 |
| 顔 | | ● | ● | | | ● | |
| 口 | | ● | ● | | | ● | |
| 耳 | ● | ● | | | ● | ● | |
| 肘 | | | | | | ● | |
| 指 | | ● | | ● | ● | | |
| 脇 | | ● | | ● | ● | | |
| 背中 | ● | | | | | | |
| 腹 | | ● | | ● | ● | | |
| 股 | ● | ● | | ● | ● | | |
| 肘 | | | | | | ● | |
| 尾 | ● | | | | | | |
| 前肢 | | ● | ● | | ● | | |
| 後肢 | | ● | ● | | ● | | |
| 生殖器 | | | | | | | |
| 肛門 | | | | | | | |

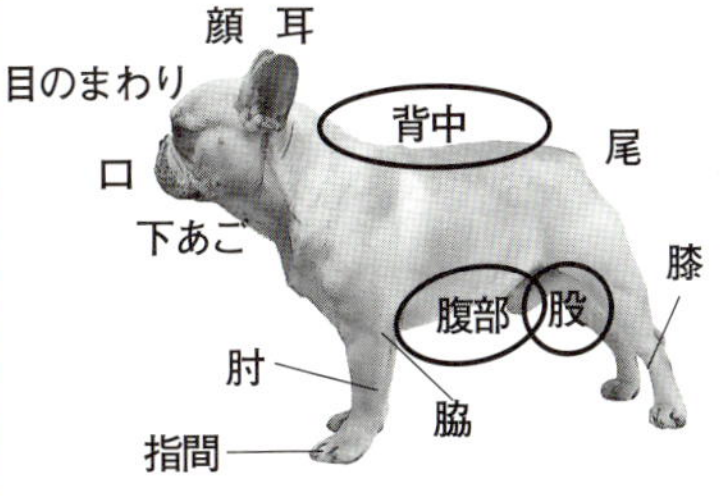


## 骨の病気

### ■膝蓋骨脱臼《しつがいこつだっきゅう》（パテラ）

後肢にある膝のお皿が、正常な位置からずれてしまっている状態を膝蓋骨脱臼と言います。内側にずれている場合は内方脱臼、外側の場合を外方脱臼と言いますが、圧倒的に内方脱臼の方が多く起こります。先天的な発症と後天的なものとに大きく分けることができますが、先天性の場合には、生まれたときから膝周囲の筋肉や骨の形成異常があり、年齢とともに脱臼をしてしまうケースです。

触ってみると正常な膝よりも、人間の膝のように平らな感じがします。無症状のものから歩行困難になってしまう場合まで、さまざまな症状があります。

もっとも注意をしたいのが、ここの病気。

## 呼吸器の病気

### ■軟口蓋過長症《なんこうがいかちょうしょう》

フレブルなど短頭種の犬種では、顕著に診られる病気で、もっとも注意をしなければなりません。

まず、左のイラストを見てください。犬の口の中は大体このような構造になっていますが、喉に近い部分の上側の箇所を軟口蓋と言います。軟口蓋の部分には骨がなく、粘膜だけで柔らかいので、この軟口蓋の部分が生まれつき長いと、ぶらぶらとしてしまい、呼吸をするたびに喉にフタをするような形になってしまいます。その結果、呼吸をするとガフガフしてしまい、苦しくなるのです。

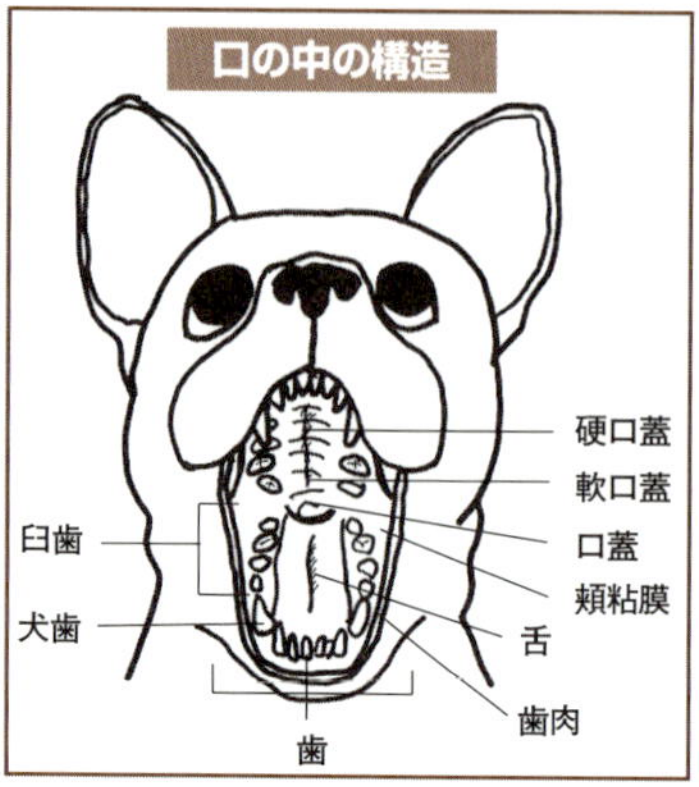


といっても常にガフガフしているわけではなく、暑かったり、興奮をしたりするとガフガフするケースが多いのですが、ストレスによっても起こることがあります。また、肥満も軟口蓋下垂を進行させます。大なり小なりフレブルの場合には、このガフガフに思い当たるところがありますが、。飼い主としてもっとも気にかかるのは、これを放っておいてもいいのか、という点だと思います。

それはガフガフの度合いと時間の長さによります。他犬種に比べて軟口蓋が長いのは犬種の特徴でもありますので、暑かったりした場合には、多少、ガフガフするのは当然のことなのですが、長時間静まらなかったり、短時間でもあまりにも苦しそうな場合にはやはり治療を考えた方がいいでしょう。というのは、あまりに激しい場合には、突然気道をふさいでしまうことがあるからです。

普段はさほどのガフガフではないのに、自動車の中にわずかな時間入れていたら呼吸が止まってしまった、などというケースがありますが、これは暑さにストレスがくわわるなどの突発的な事態が起きてしまったためで、こういったことはさほど珍しい話ではありません。

治療としては、外科手術で垂れ下がった軟口蓋の部分を切除します。どのぐらい下がってしまっているのかは、麻酔をかけて診てみないと正確にはわからないところがあり、ちょっと動物病院で診てもらうだけでは手術が必要なのか否か判断がつかないのが、難しいところです。

ただし軟口蓋過長が、呼吸に影響を与え気管虚脱などの、他の呼吸器の病気や心臓の病気に影響を与えることも多くあります。

### ■鼻腔狭窄《びこうきょうさく》

これも短頭犬種に顕著に診られる病気のひとつで、生まれつき鼻の穴が小さい状態です。鼻の穴が小さいので呼吸がしづらくなります。興奮をすると呼吸ができなくなってしまうこともあります。

治療方法は外科手術で鼻の穴を大きくします。当然、鼻の形が変わってしまうので、違和感を感じる飼い主もいるようですが、呼吸がしづらいと、後々心臓病の原因になってしまうこともあります。あまりにも呼吸が大変そうなケースでは、手術という選択も必要でしょう。

### ■気管虚脱《きかんきょだつ》

下のイラストにあるように器官が押しつぶされて、呼吸が困難になる病気です。小型犬に多く診られますが、とくに短頭犬では無理な呼吸が原因で、多く発症します。呼吸をするとゼーゼーと激しい音がするのが一般的な症状ですが、中にはまったく音が出ないで発病してしまうこともあります。症状が重くなると呼吸困難になりますので、走るのをイヤがったり、うろうろと動き回るような素振りをすることがあります。軽い場合には内科的治療ですが、重い場合には外科手術で治療します。

『気管虚脱』をしてしまった気管

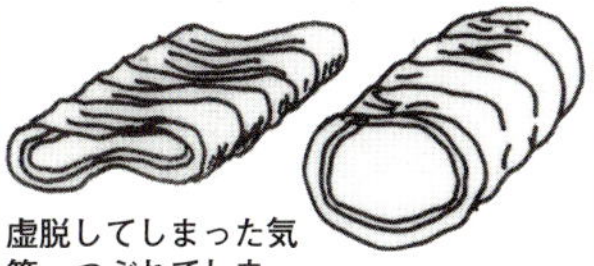

虚脱してしまった気管。つぶれてしまって、空気が通りずらくなってしまいます。

正常な気管

### ■咽頭麻痺《いんとうまひ》

突然、呼吸困難が起こる病気で、その原因は気道の上部が閉塞するためです。ではなぜ、閉塞するのか、その要因にはいろいろなものが考えられますが、引きがねとなるのは運動の直後や極度の興奮状態のようです。緊急治療が必要で、多くは手術によって喉の部分を広げることによって治療します。

## 内分泌系の病気

### ■糖尿病

膵臓から分泌されるべきインスリンが足りなくなることよって、体にさまざまな不調があらわれる病気です。フレブルは遺伝的に糖尿病になりやすい体質をしていますので注意が必要です。

初期の症状としては大量に水を飲み、大量に食べます。これがすすむとたくさん食べているのに体重が減っていくようになります。体に表れる病気の症状としては、白内障があります。さらに悪化すると昏睡状態に陥ってしまうこともあります。治療方法は食餌療法とインスリンの投与です。

### ■クッシング症候群

糖の代謝を助ける副腎皮質ホルモンが多く分泌されるために発症する病気で、糖尿病同様、多量に水を飲み多量に排尿するため、糖尿病との区別がつきずらいところもありますが、脱毛、腹部の膨大、皮膚の色素沈着など糖尿病と違った症状も診られます。高齢になると発症するケースが多くなります。

# 血統書とは、ウチのコの戸籍です

## 健康なフレブルたちのために、血統書は発行されています

### 血統書には、どんな意味があるのでしょうか

血統書、ジャパン ケネル クラブでは『血統証明書』と言いますが、この証明書は純血種の犬であることを証明するものです。でもなぜ証明する必要があるのでしょうか。

ほとんどの純血種たちは、スタンダード（犬種標準）に基づいて、人間が作り出した犬たちです。つまり作り出すための系統が重要な意味を持っています。そのために先祖にさかのぼって、どんな犬たちの子どもであるかを証明する必要があるわけです。また、ブリーダー（犬舎）によって、それぞれの犬の特徴もあります。そういった特質についても血統書から確認することができますし、最近は遺伝性疾患の発症をくいとめるためにも、この血統書が大きな役割を果たすようになっています。

### 記載されている内容からウチのコの戸籍がわかります

では、血統書には一体どんな内容が記されているのでしょうか。左ページにある血統書を見ながら、紹介していきます。

**1 イヌの名前**　犬名＋犬舎名となっています。犬舎名とは繁殖者（ブリーダー）が繁殖する際に使っている名前、いわば屋号です。最後の『FCI』は国際畜犬連のことで、この犬舎が国際的犬舎登録がされていることを示しています。

**2 JKCでの登録番号**　アルファベット（犬種記号）＋5桁の番号＋年号の順番で表記されています。FBがフレンチ・ブルドッグのことで、2000年の1,834頭目のフレブルということです。

**3 所有者・譲受年月日**　このイヌを譲り受けた所有者とその日付（名義変更届の『所有した日』に新所有者が記入した日付）。名義変更がされていない場合には、前の持ち主（繁殖者）の名前になっています。

**4 登録日**　このイヌがJKCに登録された日

**5 出産頭数**　一緒に生まれた兄妹の数

**6 登録頭数**　5の犬のうち、血統証明の発行申請があった頭数

**7 一胎子登録番号**　この犬を含めた兄妹イヌの登録番号

**8 DATE ISSUED**　血統書の発行日

**9 CD 1**　家庭犬訓練試験CD1を取得しています。アジリティや災害救助犬などJKCが発行している資格を取得している場合には、このように登録番号の後ろに記載されます。

**10 CH／98,11**　この犬98年の11月のショーのチャンピオンタイトルを取得しています。CHはチャンピオンの略称です。

**11 花のマーク**　種犬認定を受けている犬につけられるマークです。つまり健康的にも性能もすぐれた犬であることを示しています。

**12 AKCの血統書のナンバー**　アメリカン・ケネル・クラブにおける登録番号です。ちなみにこの犬は91年にアメリカで、インターナショナル・チャンピオンのタイトルを取得しています。

**13 毛色**　BRDLはブリンドル、WHはホワイト（白）を表しています。毛色の省略記号については、血統書の裏面に説明されています。

**A** お父さん　**B** 父方のおじいさん

**C** 父方のおばあさん　**D** お母さん

**E** 母方のおじいさん

**F** 母方のおばあさん

# ジャパン ケネル クラブの血統証明書

## CERTIFIED PEDIGREE

INTERNATIONALLY OFFICIAL

国際公認血統証明書

Name of Dog 犬名 サン ブレッシング ジェイピー クリスタルライン ブン
SUN BLESSING JP CRYSTALLINE BUN ①

Breed 犬種 フレンチ・ブルドッグ
FRENCH BULLDOG ②

Registration No. 登録番号 FB -01834/00

Sex 性別 MALE オス

Color 毛色 WHITE & BRINDLE

Breeder 繁殖者 KEIKO ITO
INAZAWASHI

Owner 所有者 ③

Date of Transfer 譲受年月日

Date of Registration 登録日 2000年 9月20日 ④

⑤ Date of Birth 生年月日 2000年 7月 7日

Number of puppies born 出産頭数 Male 牡 1 Female 牝 3

Number of puppies registered 登録頭数 Male 牡 1 Female 牝 3 ⑥

⑦ Reg. No. of the litter 一胎子登録番号 01834-01837/00

**A** 1 SIRE 父
CH/94.1
*BUCKY OF LA SAISON FUMI JP
FB -00057/92 CD1 ⑨
1992年 4月13日生 BRDL

**B** ⑪ G.SIRE 祖父
INT.CH,CH/91.7,CH(AM)
*CHAUVELIN COMTE DE LA PARURE
FB -00001/91-0 CD1
AKC NM-261004/01 ⑫
BRDL

7 G.G.SIRE 曾祖父
CH(AM)
OMAR SHARIF DE LA PARURE (NET)
AKC NT-335102

8 G.G.DAM 曾祖母
CHIRINE MA JOIE
NHSB 1599809ZFB15186

**C** 4 G.DAM 祖母
CH/94.1
*HOSHINO'S DONNA OF EVE-HAN
FB -00029/91-0 CD1
AKC NM-240898/08
BRDL WH ⑬

9 G.G.SIRE 曾祖父
CH(AM)
ENSTROM'S EL'BEE GREAT
AKC NT-107081

10 G.G.DAM 曾祖母
CH(AM)
EVA-HAN VG'S MIDGET SUSSETTE
AKC NT-282232

**D** 2 DAM 母
ALFHEID OF BEAUTIFUL KATO JP
FB -00042/99
1998年10月31日生 PD

**E** 5 G.SIRE 祖父
CH/98.11 ⑩
*ARAGON OF BEAUTIFUL KATO JP
FB -01347/98 CD1
BRDL

11 G.G.SIRE 曾祖父
CH(AM)
BANDOLITO LE BEAUTETE (NETHERLANDS)
FB -00163/97-0
AKC-NM691183/01 TAT. TI 2577
BRDL WH MKGS

12 G.G.DAM 曾祖母
CH(AM)
STARHAVEN'S PIXIE
FB -00080/97-0
AKC-NM587584/02
CR

**F** 6 G.DAM 祖母
RICHFIELD DESTINY
FB -01220/98-0
AKC-NM715803/02
WH BRDL

13 G.G.SIRE 曾祖父
CH(AM)
ARAMIS LE BEAUTETE (NET)
NM691175/01 6-97
BRDL & WH

14 G.G.DAM 曾祖母
NINA-RICCI DE LA PARURE (NET)
NM667408/01 6-97
WH & BRDL

DATE ISSUED 2001. 3.14 ⑧

The Seal of the Japan Kennel Club affixed hereto certifies that the above is a true extract from the official Stud Book records.
ジャパン ケネル クラブの証印を以って、正式な血統登録台帳に記載された事項と相違ない事を証明する。

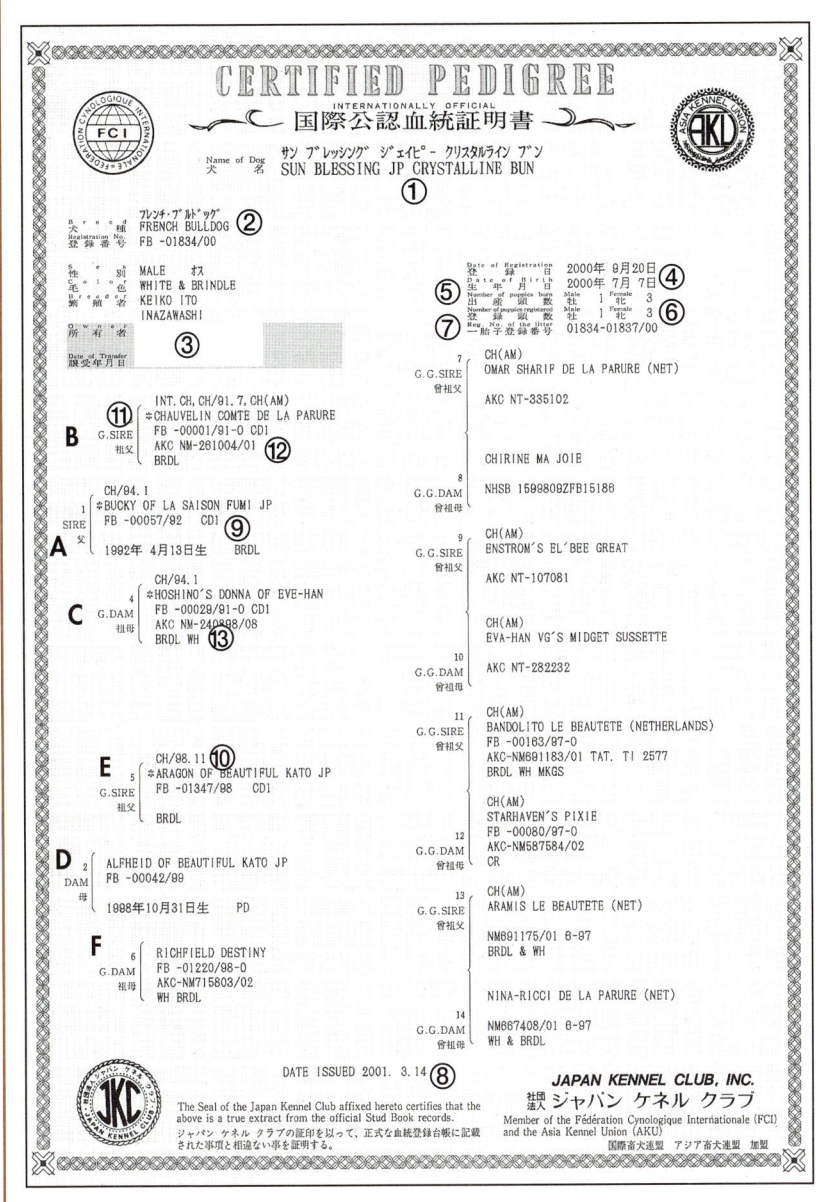

JAPAN KENNEL CLUB, INC.
社団法人 ジャパン ケネル クラブ
Member of the Fédération Cynologique Internationale (FCI) and the Asia Kennel Union (AKU)
国際畜犬連盟 アジア畜犬連盟 加盟

多動症　65
痴呆　119
腸内寄生虫　96
爪切り　74
帝王切開　84・86
適正体重　60
糖尿病　118・139
ダニ　97
チョコレート中毒　127
トイレスペース　41
トリコモナス　97
ドライシャンプー　117
ドライタイプ　58
ドライフード　50
ドライング　73

## な行


軟口蓋過長症　138
難産　86
乳腺腫瘍　119
熱射病　102
熱中症　126
膿皮症　136
脳貧血　104
ノミ　97・98


## は行


白内障　119・134
発情　81
歯ブラシ　75
鼻腔狭窄　139
肥満細胞腫　119
分離不安　112
変形性脊椎症　119
膀胱炎・尿道炎　119
パイド　23
バットイヤー　19
パピートレーニング　40
パブリック・スペース　26
パラインフルエンザ・ウィルス　133
パルボウイルス感染症　94・133
ヒキガエル中毒　101
BCS　61
フィラリア　94・95・101・133
ブラッシング　54・72
ブリーダー　30


## ま行


慢性疾患　81
耳そうじ　74
マズル　21
マッサージ　78
モイストタイプ　58


## や行


やけど　125
予防接種　94


## ら行

流涙症　135
旅行　24
ラバーブラシ　72
リンス　73


## わ行


ワクチン接種　29・83

# さくいん


## あ行

| | |
|---|---|
| 犬伝染性肝炎 | 132 |
| 遺伝性疾患 | 83・134～139 |
| 咽頭麻痺 | 139 |
| おもちゃ | 37 |
| アロマセラピー | 78 |
| アレルギー | 137 |
| ウェットタイプ | 58 |

## か行

| | |
|---|---|
| 花粉症 | 93 |
| 外耳炎 | 74 |
| 外部寄生虫 | 97 |
| 換毛 | 55 |
| 角膜炎 | 135 |
| 眼瞼内皮症・外皮症肝臓動脈 | 135 |
| 関節炎 | 118 |
| 感電 | 125 |
| 救急箱 | 128 |
| 急性胃腸炎 | 89 |
| 気管離脱 | 139 |
| 救命措置 | 126 |
| 狂犬病 | 94・132 |
| 血液検査 | 88 |
| 血統証明書 | 140・141 |
| 血友病 | 136 |
| けいれん | 123 |
| 下痢 | 59 |
| 交通事故 | 125 |
| 口蓋裂 | 137 |
| 誤嚥 | 127 |
| 交配 | 81・82・84 |
| 交配料 | 82 |
| 混合ワクチン | 94・133 |
| クッシング症候群 | 139 |
| クリッパーワーク | 77 |
| グルーミング | 72～75 |
| ケージ | 48 |
| ケンネル・コーフ | 92・93 |
| コート・カラー | 23 |
| コクシジウム | 97 |

## さ行

| | |
|---|---|
| 散歩 | 52 |
| 子宮蓄膿症 | 118 |
| 歯周病 | 119 |
| 自然分娩 | 84 |
| 膝蓋骨脱臼 | 137 |
| 助産 | 86 |
| 植物中毒 | 127 |
| 食中毒 | 59 |
| 食糞 | 43 |
| 脂漏症 | 136 |
| 精巣腫瘍 | 119 |
| 僧帽弁閉鎖不全 | 118 |
| サークル | 41・42 |
| ジステンパー | 94・132 |
| シャンプー | 55 |
| シザーワーク | 73 |
| ジャパン ケネル クラブ | 20・140 |
| スカル | 21 |
| スタンダード | 20 |
| ストップ | 21 |

## た行

| | |
|---|---|
| 玉ネギ中毒 | 127 |

楽《たの》しいフレンチ・ブルドッグ・ライフ

NDC 645.6

2005年 9 月2日　発 行

著　者　愛犬《あいけん》の友編集部《ともへんしゅうぶ》
発行者　小　川　雄　一
発行所　株式会社 誠文堂新光社

〒113-0033 東京都文京区本郷3-3-11
（編集）電話03-5800-5763
（販売）電話03-5800-5780
http://www.seibundo-net.co.jp/

印　刷　図書印刷（株）
製　本　図書印刷（株）



ISBN4-416-70528-X